园林植物栽培养护及病虫害防治与园林工程施工应用

李鸿雁　张永才　张　磊　著

吉林科学技术出版社

图书在版编目（CIP）数据

园林植物栽培养护及病虫害防治与园林工程施工应用 /
李鸿雁，张永才，张磊著． -- 长春：吉林科学技术出版
社，2019.10

ISBN 978-7-5578-6134-6

Ⅰ．①园… Ⅱ．①李…②张…③张… Ⅲ．①园林植
物－观赏园艺②园林植物－病虫害防治③园林－工程施工
Ⅳ．① S688 ② S436.8 ③ TU986.3

中国版本图书馆 CIP 数据核字（2019）第 232658 号

园林植物栽培养护及病虫害防治与园林工程施工应用

著　　者　李鸿雁　　张永才　　张　磊

出 版 人　李　梁

责任编辑　张　楠　　汪雪君

封面设计　刘　华

制　　版　王　朋

开　　本　16

字　　数　270 千字

印　　张　12

版　　次　2019 年 10 月第 1 版

印　　次　2019 年 10 月第 1 次印刷

出　　版　吉林科学技术出版社

发　　行　吉林科学技术出版社

地　　址　长春市福祉大路 5788 号出版集团 A 座

邮　　编　130118

发行部电话 / 传真　0431—81629529　　81629530　　81629531
　　　　　　　　　　81629532　　81629533　　81629534

储运部电话　0431—86059116

编辑部电话　0431—81629517

网　　址　www.jlstp.net

印　　刷　北京宝莲鸿图科技有限公司

书　　号　ISBN 978-7-5578-6134-6

定　　价　50.00 元

前　言

随着城市生态环境的日益恶化、人们对城市绿地生态功能以及对改善环境作用认识的提高，园林绿化建设也随之蓬勃兴起。增加城市园林绿化建设投入，充分发挥绿地的生态效益，改善城市面貌和城市环境，进一步提高城市品位和投资环境，创建人与自然和谐共生的人居环境，已成为人们的共识和时代要求。

园林植物栽培与养护是园林绿化工程的重点内容，俗话说"三分种植，七分养护"。栽植成活的苗木要生长良好，长期发挥改善与保护环境的作用，是离不开园林植物的养护和管理的。植物在栽培和养护过程中也常常受到各种病、虫、草的危害，这已经成为园林绿化过程中不可忽视的问题。所以，培养既懂得园林植物栽培技术，又懂得园林植物病虫害防治技术的实用型、技术型、应用型的人才是当今园林绿化事业的迫切要求。

本书是学习和指导园林植物栽培养护、病虫害防治及园林工程施工应用的技术用书，在内容上力求简明扼要，重点突出，通俗易懂，便于操作。因此本书适合中高等职业技术院校、大专函授、成人高校园林专业类使用，也可作为园林企业职工的培训教材和其他园林行业从业人员自学资料。

全书共包含七个章节，阐述了园林植物的生长发育规律、园林植物的选择与配植、园林树木栽培与养护、园林花卉栽培与养护、园林植物病害基础知识、植物病虫害防治的原理及方法，园林工程施工应用研究等内容。

本书在写作和修改过程中，查阅和引用了书籍以及期刊等相关资料，在此谨向本书所引用资料的作者表示诚挚的感谢。由于时间仓促和作者水平有限，所以书中定有许多不完善之处，恳请读者同仁和专家学者批评指正。

目 录

第一章　园林植物的生长发育规律

第一节　园林植物生长发育的生命周期

园林植物的生命周期是从园林植物的种子萌发开始，经过幼苗、开花、结实及多年的生长，直至死亡的整个时期，它反映园林植物个体发育的全过程，是园林植物发育的总周期。

生长是指植物体积与重量的增加，即量的增大，它是通过细胞的分生、增大和能量积累的量变体现出来的，是细胞的分裂和延伸。表现为植物高度及直径的增加。发育则是细胞的分化，通过细胞分化形成植物根、茎、叶、花、果实，由营养体向生殖器官转变，植物开花结实，发育即成熟。

园林植物的生长和发育是两个既相关又有区别的概念。生长是细胞分裂与增大，是一切生理代谢的基础，而发育是植物的性成熟，是细胞分化中质的变化。发育必须在生长的基础上进行，没有生长就不能完成发育。植物的发育也影响生长。如果植物没有完成发育过程中的生理变化，植物就只能进行营养生长，不能开花结实。把植物的生长分为营养生长和生殖生长，幼年时期以营养生长为主，成年期以开花、结实的生殖生长为主。园林植物的发育周期大体可分为生命周期和年发育周期两个类型。

一、木本植物的生命周期

（一）园林树木的个体发育

1. 园林树木个体发育的概念

个体发育是任何生物都具有的一种生命现象。它是指某一个体在其整个生命过程中所进行的发育史。植物的个体发育是从雌雄性细胞受精形成合子开始，到发育成种子，再从种子萌发、展叶、开花、结实等生长直到个体衰老死亡的全过程。

研究植物的个体发育是从种子萌发开始，直到个体衰老死亡的全过程。一年生植物的一生是在一年内完成的。例如翠菊、牵牛花和鸡冠花等，一般在春季播种后，可在当年内完成其生命周期。通常它们的生命周期与年周期同步，个体发育的时期是短暂的。二年生植物的一生是在两年（严格地说是两个相邻生长季）内完成的。如瓜叶菊、三色堇、雏菊

1

和金盏菊等二年生花卉，一般秋季播种，萌芽生长，经越冬后于次年春夏开花结实和死亡。

木本植物的个体发育与草本植物的区别，主要是木本植物具有连年开花结实的特性。另外，它的幼年期长，一般要经历多年生长发育后才开始开花结实。树木的寿命较长，通常要经过十几年或数十年，甚至成千上万年才趋于衰老。如榆树约 500 年，樟树、栎树约 800 年，松、柏、梅可超过 1000 年。可见，树木一般都要经过多个年发育周期，完成总发育周期需要的时间更长。不同树种或同一树种在不同的条件下也存在着很大的差异。

2. 园林树木生长发育周期中的个体发育时期

园林树木有两种不同起点的生命周期。是从受精卵开始，发育成胚胎，形成种子，萌发成植株、生长、开花、结实直至衰老死亡，这是起源于种子的有性繁殖树的生命周期，即实生树发育周期。二是由树木的枝、芽、根等营养器官通过扦插、嫁接、分株、压条、组织培养等无性繁殖发育而成的独立植株，其生长、发育直至衰老死亡的发育周期，为营养器官的无性繁殖树的生命周期。

研究树木生命周期的目的，在于根据其生命周期的节律性变化，采取相应的栽培管理措施，调节和控制树木的生长发育，使其健壮生长，充分发挥其绿化美化功能和生态功能等。

（1）有性繁殖树发育时期。有性繁殖的树木个体，其个体发育包含了植物正常生命周期的全过程。树木个体发育周期分为 4 个不同的发育时期。

①胚胎发育期。是从受精形成合子开始到胚具有萌发能力，以种子形态存在的这段时期。此阶段开始是在母株内，经过雌雄受精及一系列代谢反应发育成胚，此后转入贮藏过程中完成。种子完全成熟以后，处于休眠状态，在适宜的条件下，开始萌发。

②幼年期。是从种子萌发形成幼苗开始，到树体营养形态构造基本建成，具有开花能力时为止的时期。它是实生苗过渡到性成熟以前的时期。这一时期完成之前，采取任何措施都不能诱导开花，但这一阶段能够通过栽培等措施被缩短。

③成熟期。树木个体度过了幼年阶段，具有开花能力，以后可以年年开花、结实。在这个阶段，树木的结实量逐渐变大，最后趋于稳定。这个时期是采种的最佳时期。不同树木这个时期长短不同，如板栗属、圆柏属中有的树种可达 2000 年以上；侧柏属、雪松属可经历 3000 年以上；红杉甚至超过 5000 年。

④衰老期。实生树经多年开花结实以后，生长显著减弱，营养枝与结果母枝越来越少，器官凋落增强，抗逆性降低，对干旱、低温、病虫害的抗性大大下降，最后导致树木的衰老，逐渐死亡。树木的衰老过程也称为老化过程。

（2）无性繁殖树的个体发育时期植物细胞具有全能性，在一定条件下，植物的单细胞或原生质体能够培养形成遗传上与母体相似的独立植株。把树体部分营养器官（枝、根、芽、叶等），通过扦插、嫁接等无性繁殖的方法，能够培育成独立的植株。这些植株与母体有着相似的生命活动，进行着个体的生长发育。

从一棵实生树上通过无性繁殖方法得到的植株组成的群体称为一个无性系。它们不仅遗传基础相同，甚至在发育阶段上相同或相似。因此，在形态特征、生长发育所需的条件以及产生的反应等方面都极为相似。

实生树与营养繁殖树个体发育的年龄是不同的。实生树是以个体发育的生物学年龄表示的，而营养繁殖树则是以营养繁殖产生新个体生活的年数，以假年龄表示。而它的实际个体发育年龄则应包括从种子萌发起，到从该母株采穗开始繁殖时所经历的时间。它的发育是原母树发育的继续。因此，营养繁殖树的发育特性，依营养体的起源、发育阶段的母树和部位而定。

①取自成熟阶段的枝条。取自发育成熟时期的无性起源的母树枝条，或取自实生起源成年母树树冠成熟区外围的枝条繁殖的个体，虽然它们的发育阶段是采穗母树或母枝发育阶段的继续与发展，在成活时就具备了开花的潜能，不会再经历个体发育的幼年阶段。除接穗带花芽者成活后可当年或第二年开花外，一般都要经过一定年限的营养生长才能开花结实。从现象上看似乎与实生树相似，但实际上开花结实比实生树早。

②取自幼年阶段的枝条。取自阶段发育比较年轻的实生幼树或成年植株下部干茎萌条或根蘖条进行繁殖的树木个体，其发育阶段是采穗母树或采穗母枝发育阶段的继续与发展，同样处于幼年阶段，即使进行开花诱导也不会开花。这一阶段还要经历多长时间取决于采穗前的发育进程和以后的生长条件。如果原来的发育已接近幼年阶段的终点，则再经历的幼年阶段时间短，否则就长。但从总体上看，它们的幼年阶段都要短于同类条件下、同种类型的实生树，当其累计发育的阶段达到具有开花潜能时就进入了成年阶段。以后经多年开花结实后，植株开始衰老死亡。所以这类营养繁殖树，不但有老化过程，而且有性成熟过程。

（二）园林树木的生命周期

1. 有性繁殖树木的生命周期

（1）幼年期

从种子萌发到植株第一次开花为幼年期。这一时期，树冠和根系的离心生长旺盛，光合作用面积迅速增大，开始形成地上的树冠和骨干枝，逐步形成树体特有的结构，树高、冠幅、根系长度和根幅生长很快，同化物质积累增多，为营养生长转向生殖生长从形态上和内部物质上做好了准备。幼年时期经历时间长短因树木种类、品种类型、环境条件及栽培技术而异。有的植物如月季仅1年，桃、杏、李等3～5年，银杏、云杉、冷杉等长达20～40年。

此时期的栽培措施是：加强土壤管理，强化肥水供应，促进营养器官健壮地生长。对于绿化大规格苗木培育，应采用整形修剪手法，培养良好冠形、干形，保证达到规定的主干高度和一定的冠幅。对于观花、观果的园林植物，当树冠长到适宜的大小时，采用喷布生长抑制物质、环割、开张枝条的角度等措施促进花芽形成，提早开花。

（2）青年期

从植株第一次开花到大量开花之前，花朵、果实性状逐渐稳定为止为青年期。这一时期树冠和根系迅速扩大，是一生中离心生长最快的时期。树体开始形成花芽，且质量较差，坐果率低。开花结果数量逐年上升，但花和果实尚未达到该品种固有的标准性状。

此时期的栽培措施是：对于以观花、观果为目的的园林植物，为了促进迅速进入壮年期，多开花结果，采用轻剪、施肥措施，使树冠尽快达到最大营养面积，促进花芽形成。对于生长过旺的树，应多施磷、钾肥，少施氮肥，适当控水，以缓和营养生长。对于生长过弱的树，加强肥水供应，促进树体生长。

（3）成熟期

从植株大量开花结实时开始，到结实量大幅度下降，树冠外沿小枝出现干枯时为止的时期为成熟期。这一时期是观花、观果植物一生中最具观赏价值的时期。其特点是：根系和树冠都扩大到最大限度，开花结实量大，品质好。由于开花结果数量大，消耗营养物质多，逐年有波动。因此，容易出现大小年现象。

为了最大限度地延长成熟期，长期地发挥观赏效益及生态效益，这一时期的栽培措施为：加强肥水管理，早施基肥，分期追肥；合理修剪，均衡配备营养枝及结果枝，使生长、结果和花芽分化达到稳定平衡状态；疏花疏果，及时去除病虫枝、老弱枝、重叠枝、下垂枝和干枯枝，改善树冠通风透光条件。

（4）衰老期

从骨干枝、骨干根逐步衰亡，生长显著减弱到植株死亡为止的时期为衰老期。这一时期的特点是：骨干枝、骨干根大量死亡，营养枝和结果母枝越来越少，植株生长势逐年衰弱，对不良环境抵抗力差，病虫害严重，木质腐朽，树皮剥落，树体逐渐走向衰老死亡。

这一时期栽培措施应视栽培目的不同，采取相应的措施。对于一般的花灌木来说，可以进行截枝或截干，刺激萌芽更新，或砍伐重新栽植。对于古树名木来说，则应在进入衰老期之前采取复壮措施，尽可能地延长其生命周期，只有在无可挽救时，才予以伐除更新。

2.无性繁殖树木的生命周期

无性繁殖树木生命周期的发育阶段除没有胚胎阶段外，没有幼年阶段或幼年阶段相对缩短。因此，无性繁殖树生命周期中的年龄时期，可以划分为幼年期、青年期、成熟期（结果初期、结果盛期、结果后期）和衰老期4个时期。各个年龄时期的特点及其管理措施与实生树相应时期基本相似或完全相同。

（三）园林树木的衰老

1.树木的寿命

树木寿命的长短因其种类和环境条件而异。冻原灌木寿命一般为30～50年，荒漠灌木如朱缨花属的寿命可达100年。不同树种的寿命差异很大，如桃为20年，灰白桦为50年，某些栎类达200～500年时仍能旺盛生长。一般被子植物的寿命很少超过1000年，而许多裸子植物常可活至数千年。有些被子植物，通过无性繁殖，也可活得很长。例如，美国白杨金黄变种，可以活到 8000 年。看来最老的树木是加利福尼亚州的长寿松，有些已达 5000 年以上，红杉的年龄已超过了 3000 年。

2. 树木衰老的标志

不同树木的衰老速度不同，其衰老标志是相似的。如树木的代谢降低，营养和生殖组织的生长逐渐减少，顶端优势消失，枯枝增加，愈合缓慢，心材形成，容易感染病虫害和遭受不良环境条件的损害，向地性反应消失以及光合组织对非光合组织的比例减少等。

（1）枝干生长

幼树枝干年生长量，一连多年增加，但在树木一生的早期，当枝干年生长量达到最高速率后就开始渐渐降低。

（2）形成层的生长

随着树木的衰老，形成层生长的速率，依树种和环境条件的不同而朝着一定的方向变化。形成层的生长，在若干年内是逐年加快的，当达到最高点后，就开始下降。下一年的年轮总比上一年窄。当年轮达到最大宽度以后，作为衰老现象的年轮变窄。随着树木的衰老，树木茎的下部有出现不连续年轮的趋势，常常不产生木质部。

（3）根的生长

在树木生长幼年期，根量迅速增长，直到一定年龄后为止，此后增长的速度逐渐缓慢。当林分达某一年龄时，吸收根的总量达到正常数值。此后，新根的增长大体与老根的损失平衡。树木及其扦插产生不定根的能力，与它们的年龄有关。当树木年龄达到某个临界值以后，生根的能力迅速下降。

（4）干重增长量

树木群体和个体干物质总量的增长及单株的增长和单株增长量的分布，都随树木年龄的增长，呈现规律性的变化。当人工林开始成林时，单位土地面积上干重的增加量是微不足道的，但当树冠接近郁闭，土壤将被全部根系占据时，生产率就达到最高水平；当林分接近成熟时，年增长量下降。

（5）树冠、茎和根系相对比例

树木的树冠、茎和根系的相对比例，也是随树木年龄的变化而变化的。在老树中，最大的干重是主干，其次是树冠和根系。而在欧洲赤松幼树中，根几乎占了总干重的一半，在老树中，根所占的比例大大降低。

二、草本植物的生命周期

（一）一二年生草本植物

一二年生草本植物生命周期很短，仅 1～2 年，但其一生也经过以下几个发育阶段。

1. 幼苗期

幼苗期从种子发芽开始至第一个花芽出现为止。一般 2 ~ 4 个月。二年生草本花卉多数需要通过冬季低温，第二年春才能进入开花期。这些草本花卉，在地上、地下部分有限的营养生长期内应精心管理，使植株尽快达到一定的株高和株形，为开花打下基础。

2. 成熟期

成熟期从植株大量开花到花量大量减少为止。这一时期植株大量开花，花色、花形最有代表性，是观赏盛期，自然花期 1 ~ 3 个月。为了延长其观赏时间，除进行水、肥管理外，应对枝条进行摘心、扭梢，使其萌发更多的侧枝并开花。如一串红摘心一次可延长开花期 25 天左右。

3. 衰老期

衰老期从开花量大量减少，种子逐渐成熟开始，到植株枯死为止。此期为种子收获期。种子成熟后应及时采收，以免散落。

（二）多年生草本植物

多年生草本植物的一生也经过幼年期、青年期、壮年期和衰老期，但因其寿命仅 10 年左右，故各生长发育阶段与木本植物相比相对短些。

以上所述园林植物生命周期中各发育时期的变化是逐渐转化的，而且是连续的，各时期之间无明显界限，栽培管理技术对各时期的长短与转化起极大的作用。在栽培过程中，通过合理的栽培措施，能在一定程度上加速或延缓下一时期的到来。

第二节　园林植物生长发育与环境

影响植物的生态因子的综合称为生态环境，或者简称生境，林学上又称为立地条件或立地。一般可分为光因子、温度因子、水因子、土壤因子、大气因子、生物因子 6 个生态因子。生境与植物种之间有着极强的对应关系，一定的植物种要求一定的生境，反之，有什么样的生境就决定了生长什么样的植物种。掌握光照对植物生长发育的影响，可以根据不同光照环境合理安排植物的栽培时间；温度影响园林植物的开花结实，也是确定大苗移栽时间的重要依据；了解和掌握水分，可以保证园林植物的不同生长时期的水分供应；了解和掌握土壤的理化性质有利于合理栽培园林植物栽培与养护培园林植物，做到适地适树。作为植物生存条件的各个因子并不是孤立的，它们之间既相互联系，又相互影响。各个生态因子对植物的影响也不是同等的，其中总有一个或若干个因子在起主导作用。在实际工作中，要善于准确抓住主导生态因子，并进行调节，以达到我们的栽培目的。

一、光照因子对园林植物生长发育的影响

光是绿色植物必不可少的生存条件之一，绿色植物通过光合作用将光能转化为化学能贮存在有机物中。影响植物生长发育的光照条件主要有光质、光照度和光照长度（光周期）。影响最大的是光照度，光照度过大或过小均能影响园林植物的生长发育，严重时会造成病态。通过人为措施，不断改进栽培技术，改善园林植物对光能的利用，是园林植物栽培的重要方法之一。

（一）植物对光照度的要求

植物对光照度的要求，通常用光补偿点和光饱和点来表示。光补偿点又叫收支平衡点，就是光合作用所产生的糖类的量与呼吸作用所消耗的糖类的量达到动态平衡时的光照度。在光补偿点以上，随着光照度的增加，光合强度逐渐提高，光合强度超过呼吸强度，植物体内开始积累干物质。但是到一定值后，再增加光照度，光合强度也不再增加，甚至出现下降，这种现象叫光饱和现象，这时的光照度就叫作光饱和点。因此通过测定植物的光补偿点和光饱和点，可以判断其对光照的需求程度。但是植物的光补偿点和光饱和点是随环境条件以及植物本身的生长发育状况和不同部位而改变的。根据植物对光照度的要求及适应性的不同，一般把植物分为以下 3 类：

1. 阳性植物

喜光而不能忍受荫蔽的植物。阳性植物包括大部分观花。观果类植物和少数观叶植物，如松属（华山松，红松例外）、银杏、板栗、月季、毛白杨、加杨、樟树、悬铃木、枫杨、梅、桃等，及许多一二年生植物。阳性植物多数长期生长在阳光充足的地方，由于光照强度大，本身蒸腾强度大，土壤水分蒸发量也大。一般根系庞大且深，适应性强，是园林建设的基础和骨干。在自然植物群落中，它们常为上层乔木。

2. 阴性植物

一般需光度为全日照的 5% ~ 20%，具有较高的耐阴能力，且在气候较干旱的环境下，常不能忍受过强光照的植物。阴性植物主要是一些观叶植物和少数观花植物，如冷杉属、福建柏属、云杉属、红豆杉属、杜英、八角金盘、常春藤属、桃叶珊瑚属、紫金牛属、杜鹃花属、兰花、文竹、中华常春藤、宽叶麦冬等。在自然植物群落中，它们常处于中下层；或生长在潮湿背阴处。在群落结构中常为相对稳定的主体。

3. 中性植物

一般需光度在阳性植物和阴性植物之间，对光的适应幅度较大，在全日照条件生长良好，也能忍受庇荫的环境。大多数植物属于此类。其耐阴的程度因树种而异。例如，五角枫、元宝枫、桧柏、樟、珍珠梅属、七叶树等为稍耐阴的树种；而杉木、榆属、朴属、榉属、樱花、枫杨、丁香等则为较喜阳光而不耐阴的树种。

（二）植物对光照时间的要求

光照时间的长短对园林植物花芽分化和开花具有显著的影响，有些植物需要在白昼较短，黑夜较长的季节开花，另一些植物则反之。植物开花对不同昼夜长短的周期性适应，叫作光周期现象。根据园林植物对光照时间的要求不同，可分为以下 3 类：

1. 长日照植物

生长过程中，有一段时间需要每天有较长日照时数，或者说夜长必须短于某一时数，即每天光照时数需要超过 12h 以上才能形成花芽，而且日照时数越长开花越早。否则，将保持营养状况，不开花结实。如荷花、唐菖蒲、凤仙花等。通常以春末和夏季为自然花期的观赏植物是长日照植物，如采取措施延长日照时间，可以促使提前开花。

2. 短日照植物

生长过程中，有一段时间，要求白天短，黑夜长，即每天的光照时间应少于 12h，但需多于 8h，这样才能有利于花芽的形成和开花。如菊花就是典型的短日照植物。在入秋以后，当日照时间减少到 10 ~ 11h，才开始进行花芽分化。多数早春或深秋开花的植物属于短日照植物，若采取措施缩短日照时数，则可促使它们提前开花。

3. 中日照植物

对光照时间不敏感，只要发育成熟，温度适合，一年四季都能开花，如月季，扶桑等。

二、温度因子对园林植物生长发育的影响

温度是植物极重要的生命因子之一。温度的变化直接影响着植物的光合作用、呼吸作用和蒸腾作用。每种植物的生长都有最低，最适，最高温度，称之为温度 3 基点，低于最低或高于最高温度界限，都会引起植物生理活动的停止。一般植物在 0 ~ 35℃温度的温度范围内生长，随温度上升生长加速，随温度降低生长减缓，当超过植物所能忍耐的最高和最低温度极限时，植物的正常生理活动及其同化、异化的平衡关系就会被破坏，以致部分器官受害或全株死亡。但是因植物种类和发育阶段不同，对温度的要求差异很大。热带植物如椰子、橡胶、槟榔等要求日平均温度在 18℃以上才能开始生长；亚热带植物如柑橘、香樟、油桐、竹等在 15℃左右开始生长；暖温带植物如桃、紫叶李、槐等在 10℃，甚至不到 10℃就开始生长，温带树种紫杉、白桦、云杉等在 5℃时就开始生长。一些产于我国广东、广西、福建、云南等亚热带地区南部的革本花卉及木本观赏植物，一般可忍耐 0℃左右的低温，但引种到长江以北地区，冬季必须置于不低于 5℃的温室之内，如白兰花、五色梅、仙客来、橡皮树等。

植物生长发育不但需要一定的温度范围，还必须从环境中摄取一定的温度总量才能完成其生命活动周期。植物完成其生命活动所需要的温度总量称为积温。植物生长发育的起始温度（下限温度）称为生物学零度，高于生物学零度称为生长发育有效温度，植物生长

季中高于生物学零度的日平均温度总和称为有效温度或生长期积温。不同的植物在生长期中，对温度热量的要求各不相同，这与其原产地的温度条件有关。原生于北方的落叶树种，如落叶松、红松等，萌芽、发根都要求较低的温度；原生于热带、亚热带的常绿树种，如木棉、白兰花等，生长季长而炎热，生物学零度值也高。

各种植物在生长期内，从萌芽到开花直至果实成熟，都要求一定的积温。引种时要考虑引种区的积温条件，才能取得成功。如观赏果类花卉的四季橘，引种到北方，通常不能在自然条件下开花结果，只有在温室内才能结果成熟；芭蕉在江南地区能生长开花，但果实不能发育成熟，就是因为有效积温不够的缘故。

根据植物对温度的要求不同和耐寒力的差异，通常将植物分成以下3类：

1. 耐寒植物

此类植物有较强的耐寒性，对热量不苛求，如牡丹、芍药和丁香等。

2. 喜热植物

多原产于热带及亚热带，生长期间要求高温，耐寒性差，如三角花、榕树、羊蹄甲等。

3. 喜温植物

多原产于暖温带及亚热带，对热量要求和耐寒性介于耐寒植物与喜热植物之间，可在比较大的温度范围内生长，如松、池杉、杨、杜鹃花、桂花等。

三、水分因子对园林植物生长发育的影响

水是植物体的基本组成部分。植物的一切生化反应都需要水分参与，一旦水分供应间断或不足时，就会影响生长发育，持续时间太长还会使植物死亡，这种现象在幼苗时期表现的更为严重。资料表明，当土壤含水降至10%～15%时，许多植物的地上部分停止生长；当土壤含水量低于7%时，根系停止生长，同时由于土壤溶液浓度过高，根系发生外渗现象，引起烧根甚至死亡。反之如水分过多，会使土壤中的空气流通不畅，二氧化碳相对增多，氧气缺乏，有机质分解不完全，会促使一些有毒物质积累，如硫化氢、甲烷等，阻碍酶的活动，影响根系吸收，使植物根系中毒。一般情况下，常绿阔叶树种的耐淹力低于落叶阔叶树种，落叶阔叶树种中浅根性树种的耐淹力较强。

不同类型的植物对水分多少的要求不同，即是同一植物对水的需要量也是随着树龄、发育时期和季节的不同而变化。春夏时植物生长旺盛，蒸腾强度大，需水量必然多；冬季多数植物处于休眠状态，需水量就少些。根据植物对水分变化的适应能力可分为以下4类：

1. 旱生植物

具有极强的抗旱能力，在生长环境中只要有少量的水分就能满足生长发育的需要，甚至在空气和土壤长期干燥的情况下也能保持活动状态的植物。这类植物一般树干矮小，树冠稀疏，根系发达，吸收能力强，叶形小而厚，有的退化成针状，表层趋于有角质层或者生绒毛等特征，如白皮松、落叶松、龙柏、侧柏、毛白杨、棕榈、刺槐、紫薇、旱柳、白

蜡树、蜡梅、夹竹桃、栀子花、杜鹃、香水月季、玫瑰、榆叶梅、海棠花、金丝桃、连翘、马桑、牵牛花等。

2. 湿生植物

有些植物要求土壤水分充足，适合在水湿地中生长，其抗涝性强，在短期内积水生长正常，有的即便根部伸延水中数月也不影响生长，其中还有少数植物长年生长在浅水中，照样开花结实。这类植物根系不发达，抗旱能力极差，处于水体的港湾或热带潮湿荫蔽的森林里。园林中常用的湿生植物有池杉、水杉、落羽松、垂柳、水曲柳、丝兰、凤尾兰、秋海棠、水、香蒲草、毛茛、虎耳草、普通早熟禾等。

3. 中生植物

介于旱生植物和湿生植物之间的称为中生植物。一般陆生植物多属此类。

4. 水生植物

植物的全部或一部分，必须在水中才能生长的植物称为水生植物，如浮萍、荷花、王莲、菖蒲、睡莲等。

四、土壤因子对园林植物生长发育的影响

植物的生长离不开土壤。植物可从土壤中获取的水分、氮和矿物营养元素，合成有机化合物。保证了生长发育的需要。但是不同的土壤厚度，机械组成和酸碱度等，在一定程度上会影响植物的生长发育和其类型的分布区域。

1. 土层的厚度

涉及土壤水分的含量和养分的多寡，影响植物的生长发育和类型的分布。

2. 土壤的机械组成

决定了土壤的团粒结构。栽培园林植物要求土壤疏松、肥沃、排水和保水性能良好，含有较丰富的腐殖质和适宜的酸碱度。

3. 土壤的酸碱度（pH）

影响矿物质养分的溶解转化和吸收。如酸性土壤容易引起缺磷、钙、镁，增加污染金属汞、砷、铬等化合物的溶解度，危害植物；碱性土壤容易引起缺铁、锰、硼、锌等现象。对于高等植物来说，缺少任何一种它必需的元素都会出现病态，如缺铁就会影响叶绿素的形成，叶片变黄脱落，影响光合作用。除此之外，土壤酸碱度还会影响植物种子的萌发，苗木生长，微生物活动等。

根据园林植物对土壤酸碱度的要求，可以分为酸性土植物、碱性土植物、中性土植物3类。

4. 土壤的盐碱性

盐碱地由于土壤内大量盐分的积累，引起一系列土壤物理性状的恶化：结构黏滞，通

气性差，容重高，土温上升慢，土壤中好气性微生物活动性差，养分释放慢，渗透系数低，毛细作用强，更导致表层土壤盐渍化的加剧；盐碱对植物的危害表现在：

（1）土壤中含有过多的可溶性盐类，会提高土壤溶液的渗透压，从而引起植物的生理干旱，使植物根系及种子发芽时不能从土壤吸收足够的水分，甚至还导致水分从根细胞外渗，使植物萎蔫甚至死亡。

（2）在高pH值下，会导致氢氧根离子对植物的直接伤害。有的植物体内集聚过多的盐，而使原生质受害；蛋白质的合成受到严重阻碍，从而导致含氮的中间代谢物的积聚，伤害植物组织。

（3）由于钠离子的竞争，使植物对钾、磷和其他营养元素的吸收减少，磷的转移也会受到抑制，从而影响植物的营养状况。

（4）在高浓度盐类作用下，气孔保卫细胞内的淀粉形成受到阻碍，影响植物的气孔关闭，因此植物容易干旱枯萎。

五、城市生态环境对园林植物生长发育的影响

城市人口密集，工业设施及建筑物集中，道路密布，使得城市生态环境不同于自然环境。城市生态因子与园林植物存在着特殊的生态关系，主要表现在以下几方面。

（一）城市气候与典型的温室效应（热岛效应）

城市内建筑物的增多，楼层的加高，水泥、砖结构的增加，能大量地产生热效应。白天，地面的水泥路面和柏油路面在白天阳光下大量吸收太阳热能，使城市气温大幅度上升；晚上，建筑物、道路又大量散热，楼层的密集又影响空气的流通，大量热能散发不出去，造成城市温度升高。在夏季，由于辐射和反射的热作用，供水量少，无风，常因此而引起焦叶和树干基部树皮受到灼伤；冬季则由于植物缺乏低温锻炼时间，又因高层建筑中的"穿堂风"容易给植物生长带来一定难度。年平均气温比周围郊区气温高 0.5℃ ~ 1.5℃。由于城市温度较高，城市春天来得较早，而秋季结束较迟，使城市的无霜期延长，极端温度趋向暖和。昼夜温差变小，影响植物养分积累，温度高使夜间的呼吸作用旺盛，消耗的营养物质多，影响植物的生长发育，使花色、果色，开花时间都受到影响。

（二）光照的变化

城市植物接受光量的差距几乎从无限大到零。空气污染极大地降低了光的辐射强度。城市的建筑又因其大小、方向和宽窄的不同而改变了太阳光辐射状况，即使在同一街道两侧，也会出现很大差异，一条东西向的街道，北侧接收到的光多于南侧。植物与建筑之间距离太近，常产生荫蔽效果。由于接受光量的不同，树木被迫离开建筑物的方向不对称生长，而导致偏冠。另一方面，街道地面和建筑物的反射以及人工光源可部分补偿太阳光辐射的减弱。各种植物对光线减弱的不同反应，取决于植物对光线的需求及耐阴性的强弱。

此外，城市的灯光使得一些树木昼夜生长在有光的环境中，能对树木的代谢产生不良的影响。照明会明显地延迟落叶的时间和降低植物的抗病虫害能力。

（三）地下水的变化

由于街道和路面的封闭，自然降水几乎全排入下水道，植物得不到充足的水分，使水分平衡经常为负值；城市高温，降水利用率低，植物蒸腾量变小，使城市的相对湿度和绝对湿度均较开阔的农村地区低；建筑工程如地铁、人防工程等地下设施已深入到地面以下很深的地层，从而使得城市树木的根系难接近到地下水；由于建筑和道路发展，降低了地下水的补给率，加之抽取地下水，使地下水位下降。如天津、西安等城市，过度开采地下水，地下水位逐年下降，亦加剧了土壤水的短缺。这些情况常造成枝叶、根系失水，而根系从土壤中吸取的水量不足，补水不足，常造成植物枝叶干枯甚至死亡。

城镇多数的地形、地势较为平坦，有些低洼地区，在雨季或暴雨之后，因排水条件较差，水不能及时排走，造成局部积水，也会使根系生长受阻、死亡，对不耐涝的树种尤为严重。例如，2000 年由于台风的影响，造成江苏北部部分县市日降水量超过 300mm，由于当地地势平坦或低洼造成树木受涝，严重影响树木生长，造成成片死亡。

（四）土质的改变

由于受城市废弃物、建筑、城市气候条件及人为活动的影响，城市土壤的物理和化学性状于自然状态下发育成的土壤有很大差异。城市土壤普遍较贫瘠。含有大量的煤渣、建筑废料等，缺少腐殖质，而枯枝落叶又常被清理，减少了土壤中营养元素的积累。由于城市土壤中石灰的含量较高，pH 值常高于 7，土壤反应多呈中性到弱碱性，这种弱碱性土壤则成为限制土壤微生物，特别是菌根类微生物生长发育的因子。

被沥青、混凝土等封闭的土壤，以及践踏、压实等各种人为活动。城市土壤板结，通透性不良，减少了大气和土壤之间的气体交换，土壤中含氧量不足，影响植物根系的生命活动。给植物栽植成活和今后生长带来困难。据报道，南京市某地就因缺乏适宜的立地条件，致使种植的绿化树全部死亡，不得不把原有绿地改为地砖铺地。城市土壤通过深挖、回填、混合、压实等各种人为活动。其物理、化学和生物学特性与自然条件下的土壤相比存在较大的差异。

此外，工厂的有害废水排入土壤，使土壤中的硫、氟、氯化物增加，有害烟尘、灰尘落入土壤，重金属汞、镉等在土壤中逐渐积累都影响着城市中植物生长的空间环境和土壤环境，造成植物的毒害、伤害，使一些适应性、抗逆性差的植物生长局部受损甚至死亡。

（五）空气质量的变化

由于温度效应，使城市空气污染特别严重，比农村高出 10～25 倍。在我国大部分城市中，居民日常的燃烧活动、汽车尾气等排出大量二氧化碳和一氧化碳、城市空调排出的热量和有害气体，影响城市空气质量。由于空气流通差，加剧了空气的污染程度。据测定，向大气中排放的有害物质的种类和数量逐年增多。大气中含 1000 种以上的污染物，现已引起注意的有 100 多种，威胁大的有粉尘、二氧化碳、氟、氯化氢、一氧化碳、二氧化碳及汞、铬、镉、砷、铅等。这些污染物不仅影响日照气象因素，还通过吸附在植物表面或通过水溶液、气体交换进入植物体内，对植物产生伤害，严重时可使植物枯死。大气中二氧化硫含量增高，形成酸雨直接影响植物生长，造成枝叶伤害。

（六）高层建筑及管线的影响

城市高楼的南北两面，形成了明显的光照差异和温度差异，南面日照时间明显长于北面，温度比北面高，冬季到来时由于温差变化较大，容易造成楼南的不耐寒植物冻害。很多喜光的植物，因为楼层的遮阴使之生长发育受阻，引起徒长或迟开花结果。

另外，城市在高层建筑的地上、地下的各种管道、网线及周边的立交桥、人行天桥，纵横分布，影响着城市树木根系和地上部枝叶的生长。因这些管线的维修又会造成树木根系、枝叶的损伤。因此，城市栽植树木时应与建筑物、管线等保持合理的距离。

（七）人为和机械损伤

城市是人类活动中心，在公园，游人的践踏易使各种绿地的土壤板结而伤害植物。建筑工程、不渗漏的街道地面铺装以及在植物附近铺设的各种管道等，都会给植物带来极大的危害。众多交通车辆也会伤及树木，主要是因为货车超高、超宽而碰伤碰断大枝干，常造成城市树木的损伤和变形，不仅影响生长甚至造成死亡。

第二章　园林植物的选择与配植

第一节　园林植物生长的环境类型

一、建筑绿地

建筑绿地是指在建筑之间的绿化用地。其中包括建筑前后、建筑本身及建筑基础的绿化用地。建筑基础绿地是指各建筑物或构筑物散水以外，用于建筑基础美化和防护的绿化用地。建筑绿地具有立地条件较差、管网密集、光照分布不均、空气流动受阻、人为活动多样的特点。园林植物生长受到环境因子的影响，所以在植物的选择与配植要考虑生态、景观和实用三个方面。

二、公共绿地

公共绿地是指供全体居民使用的绿地，主要为居民提供日常户外游憩活动空间，有时还起到防灾、避灾的作用，根据居住区不同的规划组织结构类型，设置相应的中心绿地，包括居住区人口绿地、居住区公园、小游园、组团绿地、儿童游乐场和其他的块状、带状公共绿地等。其特点是：面积大小不一，有较多的植物覆盖水面和裸露的土面；光照条件较好，蒸发量和蒸腾量较大，空气湿度较高；游人踩踏土壤较坚实，环境也受污染的影响，自净能力较弱，属于半自然状态。选择植物树种应灵活多样，要注意选择较耐土壤紧实、抗污染的树种。

三、道路绿地

道路绿化是绿化重要的组成部分，是城乡文明的重要标志之一。道路绿地不同于其他绿地类型，带状特点尤为突出，从起点到终点的路段较长，有的可达数千公里。道路绿地环境特点是：一是复杂性，如道路在穿越山川、河流、田野、村庄和城镇时，沿线的环境不同，其绿化树种的选择和配置应因地制宜；二是土性条件差、肥力低；三是绿地建设、绿化施工的难度大，因为道路绿地涉及生态保护和恢复的技术要求越来越高；四是道路绿地的养护管理较难。道路绿地环境的特殊性决定了绿化的特殊性，要综合考虑各种因素，因地制宜地进行绿化。

四、广场绿地

广场绿地主要是街道两旁的绿带、街心花园、林荫道、装饰绿带、桥头绿地，以及一些未绿化而覆盖沥青、水泥、砖石的公共用地和停车场等。环境特点是：气温较高，相对湿度较其他小；阳光充足，蒸发蒸腾耗热少，在温度最高的地段，风速与郊区近似或略小。广场是一个微缩的生态系统，植物应选用耐旱、耐高温的树种，做到乔、灌、草相结合。在管理上应注意抗旱、防日灼等。

五、风景区及森林公园

风景区位于城市郊外，有大面积风景优美的森林或开阔的水面，其交通方便，多为风景名胜和疗养胜地。其特点是：一是受城市影响很小，无论是热量平衡还是水分循环都更多地表现为自然环境的特点；二是气温明显低于市区，空气湿度较大；三是土壤保持了自然特征，层次清楚，腐殖质较丰富，结构与通透性较好，在圈套程度上保留了天然植被。部分地段还会受到旅游活动的污染。植物应选择可根据园林景观的需要决定取舍，多选适生树种。

第二节　园林植物的选择

一、园林植物选择的意义与原则

树木在系统发育过程中，经过长期的自然选择，逐步适应了自己生存的环境条件，对环境条件有一定要求的特性即生态学特性。树种选择适当与否是造景成败的关键之一。

（1）目的性

绿化总是有一定的目的性，除美化、观赏外，还应从充分发挥树木的生态价值、环境保护价值、保健休养价值、游览价值、文化娱乐价值、美学价值、社会公益价值、经济价值等方面综合考虑，有重点、有秩序地以不同植物材料组织空间，在改善生态环境、提高居住质量的前提下，满足其多功能、多效益的目的。如道路绿地植物配置应以满足和实现道路的功能为前提条件，侧重庇荫要求的绿地，应选择树冠高大、枝叶茂密的树种；侧重观赏作用的绿地，应选择色、香、姿、韵均佳的植物；侧重吸滤有害气体的绿地，应选用吸收和抗污染能力强的植物。

（2）适用性

园林植物选择首先要满足树木的生态要求，在树种选择上要因地制宜，适地适树，保证树木能正常生长发育和抵御自然灾害。同时要与绿地的性质和功能相适应、与园林总体布局相协调，如街道两旁的行道树宜选冠大、阴浓的速生树；园路两旁的行道树宜选观赏价值高的小乔木。

（3）经济性

在发挥植物主要功能的前提下，植物配置要尽量降低成本，做到适地适树，节约并合理使用名贵树种，多用乡土植物；要考虑绿地建成后的养护成本问题，尽可能使用和配置便于栽培管理的植物；适当种植有食用、药用价值及可提供工业原料的经济植物。如种植果树，既可带来一定的经济价值，还可与旅游活动结合起来。

二、园林植物选择的依据

园林植物是指人工栽培的观赏植物，是提供观赏、改善和美化环境的植物总称，包括木本和草本园林植物。园林植物选择的依据主要是园林植物的用途，按用途分园林植物有以下几类。

（1）适于绿地美化栽培

此类园林植物应多选择木本植物，包括乔木和灌木、藤本。按园林树木在园林绿化中的用途和应用方式可以分为庭阴树、行道树、孤赏树、花灌木、绿篱植物、木本地被植物和防护植物等。按观赏特性可分为观树形、观叶、观花、观果、观芽、观枝、观干及观根等类。

（2）适用于露地栽培

此类园林植物包括一二年生草本花卉、宿根花卉、球根花卉、岩生花卉（岩石植物）、水生花卉、草坪植物和园林地被植物等。

（3）适用于温室和室内栽培

此类园林植物一般需常年或一段时间在温室栽培。如热带水生植物、秋海棠类植物、天南星科植物、凤梨科植物和柑橘类植物、仙人掌类与多浆植物、食虫植物、观赏蕨类、兰花、松柏类、棕榈类植物，以及温室花木、盆景植物等。

三、园林植物选择的途径与方法

（1）适地适树

适地适树是指使树种的生态学特性与园林栽植地的环境条件相适应，达到地与树的统一，使树种正常生长。如栽植观花果的树木，应选择阳光充足的地区；工业区应选择抗污染强的树种；商业区土地昂贵，人流量大，应选择占地小而树冠大、荫蔽效果好的树种。

（2）选树适地

在给定绿化地段生态环境条件下，全面分析栽植地的立地条件，尤其是极端限制因子，同时了解候选树种的生物学、生理学、生态学特性等园林树木学基本知识，选择最适于该地段的园林树木。首选的应是乡土树种，另外应注意选择当地的地带性植被组成种类可构筑稳定的群落。

（3）选地适树

选地适树是指树种的生态位与立地环境相符，即在充分调查了解树种生态学特性及立地条件的基础上，选择的树种能生长在特定的小生境中。如对于忌水的树种，可选栽在地势相对较高、地下水位较低的地段；对于南方树种，极低气温是主要的限制因子，如果要在北方种植可选择背风向阳的南坡或冬季主风向有天然屏障的地形处栽植。

（4）改地适树

改地适树是指在特定的区域栽植具有某特殊性状的树种，而该栽植地的生态因子限制了该树种的生长，则可根据树种的要求来改栽植地环境。如通过客土改变原土壤的持水通透性，通过改造地形来降低或提高地下水位，通过施肥改变土壤的 pH 值，通过增设灌排水设施调节水分等措施，使树种能正常生长。改地适树适合用于小规模的绿地建设，除非特别重要的景观，否则不宜动用大量的投入来改地适树。

（5）改树适地

改树适地是通过选种、引种、育种等工作增强树种的耐寒性、耐旱性或抗盐性，以适应在寒冷、干旱或盐溃化的栽植地上生长，这是一个较长的过程。还可通过选用适应性广、抗性强的砧木进行嫁接，以扩大树种的栽植范围。如毛白杨在内蒙古呼和浩特一带易受冻害，在当地很难种植，如用当地的小叶杨作砧木进行嫁接，就能提高其抗寒力可安全在该市越冬。

四、几种主要绿化类型树种选择

（一）行道树树种选择

行道树是指种植在各种道路两侧及车带的树木的总称。包括公路、铁路、城市街道、园路等道路绿化的树木。

（1）选择标准和要求

行道树树种选择要树干端直、分枝点较高；冠大阴浓、遮阴效果好；树冠优美、株形整齐，观赏价值较高，如花形、叶形、果实奇特或花色鲜艳、花期长，最好是叶片秋季变色，冬季可观形、赏枝干的树种；根系深，寿命较长对土壤适应性强；叶、花、果不散发不良气味或污染的绒毛、种絮、残花、落果等。

（2）常用行道树树种

行道树树种一般选择耐瘠薄、耐高温、耐严寒、耐盐碱等特性，常用的行道树有悬铃木、樟树、珊瑚树、木麻黄、楝树、旱柳、国槐、合欢、三角枫、榉树、银杏、白蜡、水杉、七叶树、枫杨、羊蹄甲、榕树、泡桐、雪松、广玉兰，棕榈科植物如大王椰、棕榈、假槟榔、椰子、蒲葵等。

（二）观赏树种选择

（1）观叶树种选择

观叶树种是以叶色为主要观赏部位的树种，叶色不为普通的绿色（或叶片颜色随季节变化而发生明显的变化）或叶形奇特的花木。选择时应选叶色鲜艳、观赏价值高，变化丰富，具有季相美，或叶片经久不落，可长期观赏的树种，如鸡爪槭、红枫、枫香、乌桕、银杏、鹅掌楸、黄连木、无患子、马褂木、红叶李、山麻秆、瓜子黄杨、桃叶珊瑚、八角金盘、丝兰、棕榈、芭蕉、书带草、芦苇、水菖蒲、虎耳草等。园林中常见色叶树种有春色叶类、秋色叶类、常色叶类、双色叶类、斑色叶类。

（2）观花树种选择

观花树种是以花的姿容、香气、色彩作为主要欣赏对象的花木乔木、灌木及藤本植物。观花树种选择条件是花香浓郁，花期长；远距离观赏的应选择花形大色艳的树种如玉兰、厚朴、山茶等，或花虽小但可构成庞大花序的树种，主要欣赏花的群体美，如栾树、合欢、紫薇、绣球、梅、杏、桃、梨、海棠、樱花、杜鹃、榆叶梅、迎春、连翘、紫藤等；在人群密集、宾馆、疗养院等地方应避免选择花粉过多或花香浓烈而污染环境及影响人体健康的树种。香花欣赏的花木，主要是让人感觉花香的馥郁。如桂花、玉兰、蜡梅、茉莉、米兰、玉簪、金银花等，当然不少花木是姿、色、香兼有之的。

（3）观果树种选择

观果树种是以美丽的果实为主要欣赏对象的花木，其果实色泽美丽，或果形奇特，经久不落。在选择时以果实观赏价值为主，或兼有一定的经济价值，但不应选择具有毒性的种类。果实的外形上个月形状奇特、果形较大或果小而果穗较大并具有一定数量的树种有栾树、铜钱树、红豆树、佛手等。果实的颜色鲜艳、丰富，或具有一定花纹的树种如火棘、木瓜、柿子、枸杞、山楂、石楠、枇杷、橘子、石榴等。果实不易脱落而汁浆少，观赏时间长的树种如金银木、冬青、南天竹等果实观赏期长，一直可留存到冬季。

（4）观形树种选择

观形树种以美丽、奇特的树形为主要欣赏对象的花木，如雪松、窄冠侧柏呈尖塔形；球柏、刺槐等呈球形；北美香柏、塔柏呈圆柱形；合欢、龙爪槐等呈伞形；垂柳、垂枝榆等呈垂枝形；棕榈、椰子等呈棕椰形；紫穗槐 .. 连翘等呈丛形；匍地柏、爬形卫矛呈匍匐形。

（5）观枝树种选择

观枝树种是指奇特的枝干形状、色彩具有很强的观赏性。观枝干形状的树种可选择龙爪形枝干的龙爪槐、龙爪柳、龙爪枣等。观枝干色彩的如梧桐，干皮绿色、光滑；白皮松树皮白色，呈片状脱落；竹类枝干多绿色，有 . 的具斑点；丝木棉树皮呈网状；酒瓶椰子树干膨大呈瓶状等。

（三）绿篱树种选择

（1）绿篱树种选择的标准

绿篱树种是指用来植作绿篱的树种，绿篱是指用灌木或小乔木成行密植成低矮的林带，组成的边界或树墙。绿篱树种应选择耐修剪整齐，萌发性强，分枝丛生，枝叶繁茂；适应性强，耐阴、耐寒、对烟尘及外界机械损伤抗性强；生长缓慢，叶片较小；四季常青，耐密植，生长力强的树种。

（2）绿篱树种选择

常见的绿篱树种有大叶黄杨、紫杉、侧柏、珊瑚树、海桐、福建茶、九里香、水蜡、栀子花、六月雪、迎春花、黄素梅、三角梅、木樨榄、珍珠梅、黄金榕、火棘、金银花、爬墙虎、凌霄、常春藤等。

（四）绿化带树种选择

绿化带树种是指栽植在道路两侧、道路隔离带、主辅路间的乔灌木，起到分割空间、美化街道、隔离噪声、降低粉尘和提供庇荫的作用。在树种的选择上，根据不同的交通功能选择不同的树种，常见的乔木有合欢、国槐、银杏、棕榈科植物等，灌木有金银木、侧柏、珍珠梅、海桐、福建茶、九里香、鹅掌柴、非洲茉莉等。

（五）特殊区绿化树种选择

（1）广场绿化树种选择

广场是作为城市的职能空间，提供人们集会、集散、交通、仪式、游憩、商业买卖和文化娱乐的场所。广场上丰富的植物树种对城市的绿地覆盖率，对改善城市的环境有着重要意义。因此，广场绿化树种的选择是多样的，如广场道路列植树悬铃木、枫杨、香樟、雪松、广玉兰、棕榈科植物如大王椰、棕榈等；广场绿篱树如珍珠梅、海桐、福建茶、九里香等。

（2）工矿区绿化树种选择

工矿区绿化树种的选择应具备防噪声、防污染，能吸收 SO_2、HF、Cl_2 等有害气体、抗辐射的功能，常见的抗 SO_2 的树种有大叶黄杨、海桐、山茶、小叶女贞、合欢、刺槐等；抗氯气的有侧柏、臭椿、杜仲、大叶黄杨女贞等；抗 HF 的有大叶黄杨、杨树、朴树、白榆、夹竹桃等树木。

（3）城市废弃场地绿化树种选择

城市废弃地由于废弃沉积物、矿物渗出物、污染物和其他干扰物的存在，土壤中缺少自然土中的营养物质，使得土壤的基质肥力很低，另外由于有毒性化学物质的存在，导致土壤物理条件不适宜植物生长。一般包括粉煤灰、炉渣地；含有金属废弃物的土壤；工矿区废物堆积场地；因贫瘠而废弃的土地等。在选择绿化树种时，应选抗污染、耐瘠薄、耐干旱性的树种。如在以粉煤灰为主的废弃地中，抗性较强的树种有桤木属、柳属、刺槐、桦属、槭属、山楂属、金丝桃属、柽柳属等。

（4）居住区绿化树种选择

居住绿化区与居民日常生活最为密切，应遵循功能性原则、适用性原则及经济性原则的基础上，还要考虑居住环境条件和风格等。绿化树种选择的重点落叶乔木有银杏、毛白杨、垂柳、旱柳、刺槐、臭椿、栾树、绒毛白蜡、毛泡桐等；绿乔木有油松、白皮松、桧柏等。重点落叶灌木有珍珠梅、丰花月季、榆叶梅、黄刺梅、碧桃、木槿、紫薇、连翘、紫丁香、金银木等；常绿灌木有大叶黄杨、黄金榕、海桐、福建茶、九里香、鹅掌柴等。一般树种有玉兰、杂交马褂木、杜仲、紫叶李、五叶槐、元宝枫、七叶树、雪松、侧柏、龙柏、金叶桧、粉柏、雀舌黄杨、紫叶小檗、贴梗海棠、红瑞木、金叶女贞、小叶丁香、欧洲丁香等。

第三节　园林树木的配置

一、园林树木配置的基本理论

1. 树种种间关系概念

树种种间关系是指园林树木群体中的个体处于适合于树木生长的环境，个体与个体之间、种群与种群之间是相互协调、互益生存。在园林树木配置中，只有根据树种的生理生态特点，在符合生态学基础上的合理配置，才能使不同树种在同一立地中良好生长，发挥应用的功能，保持长期稳定的景观效果。

2. 树种种间关系实质

每个树木个体与其周围的外界环境条件有着密切联系，彼此间通过对物质利用、分配和能量转换的形式而相互影响。即树种种间关系实质可以理解为生物有机体与其外界环境条件之间的关系。通常群体中树木间的主要矛盾，与树木与外界环境间的主要矛盾有相对一致性。如当外界水分供应不足成为妨碍树木正常生长的主要矛盾时，各树种间乃至同一树种不同个体间的关系也主要表现为对水分的激烈竞争。

3. 树种种间关系的表现形式

生长在一起的两个或两个以上的树种之间是相互影响、相互依赖、相互制约的，有利是双方互相促进，分别对对方有益；相互制约是竞争激烈，互相抑制。理论上讲，树种种间关系的表现形式有3种，即无作用、正作用（有利）、副作用（有害）。树种间的关系主要由不同种类的生态位所决定，物种的生态位有4种类型。

（1）重叠

生态位接近的种很少能长期共存，而生态位重叠是引起对资源利用性竞争的一个条件。

（2）部分重叠

能长期生活在一起的种，必然是每一个种各具有自己独特的生态位。

（3）相切

如果各种群占据各自的生态位，则种群间可避免直接竞争。

（4）分离

如果两个种在同一个稳定群落中占据相同的生态位，其中一个种终究要被淘汰。

园林树木生态配置中应遵守生态适应的基本原则。生态适应幅度较宽的树种混交，种间多显现出以互利促进为主的关系；相反，生态习性相似或生态要求严格、生态幅度狭窄的树种混交，种间多显现出以竞争、抑制为主的关系。如速生树种与慢生树种混交、高大乔木与低矮灌木混交、宽冠树与窄冠树混交、深根树种与浅根树种混交，从空间上可减少接触、降低竞争程度。

4. 树种种间关系的作用方式

（1）生理生态作用方式

生理生态作用指一树种通过改变环境条件而对另一树种产生影响的作用方式，是不同树种间相互作用的主要方式，也是选择搭配树种及混交比例的重要依据。如速生树种能较快地形成稠密的冠层，使群落内光量减少、光质异度，对下层耐阴树种而言是有利的，而对于阳性树种是不利的。

（2）生物化学作用方式

树种的地上部分和根系在生命活动中向外界分泌或挥发某些化学物质，对相邻的其他树种产生影响，也称为生物的它感作用。目前在进行不同树种的配置混交时，应用生化相克或生化相济的原理还比较少。

（3）机械作用方式

机械作用方式是指一树种对另一树种造成的物理性伤害，如根系的挤压，树冠、树干的摩擦，藤本或蔓生植物的缠绕和绞杀等。

（4）生物作用方式

指不同树种通过授粉杂交、根系连生以及寄生等发生的一种种间关系。如某些树种根系连生后，强势树种会夺走较弱树种的水分、养分，导致后者死亡。

5. 树种种间关系的动态发展

群落中不同树种的种间关系，是随着时间、环境、个体分布和其他条件的改变而呈动态发展变化的。

（1）随树木个体的变化产生种间关系的变化

随着树龄增长，树木生长量增加、个体增大，树木个体需要的营养空间也增加，种间或不同的个体间的关系发生变化，主要表现在因受环境资源的限制而发生竞争。

（2）随立地条件的变化产生种间关系的变化

种间关系因立地条件的不同而表现不同的发展方向，如油松与元宝枫混植，在海拔较高处，油松生长速度超过元宝枫，它们可形成较稳定群体；而在低海拔处，油松生长不及元宝执，油松生长受压，油松因元宝枫树冠的遮蔽而不能获得足够的光照最终死亡。

（3）随栽培方式的变化产生种间关系的变化

树种种间关系也随采用的混交方式、混交比例、栽植及管护措施不同而不同，如有的树种若进行行间和株间混交，其中一树种会因处于被压状态而枯梢，失去观赏价值，但若采用带状或块状混交，两树种都能生长良好并构成比较稳定的群落。

二、园林树木配植的原则及要求

（1）满足园林树木的生态需求

不同的树种生态习性不同，不同的绿地生态条件也不一样，在树种的选择上做到适地适树，有时还需创造小环境或者改造小环境来满足园林树木的生长、发育要求（如梅花在北京就需要小气候，要求背风、向阳）从而保持稳定的绿化效果。

除此之外，还要考虑树木之间的需求关系，如若是同种树，配置时只考虑株距和行距。不同树种间配植需要考虑种间关系，即考虑上层树种与下层树种、速生与慢生树种、常绿与落叶树种等关系。

（2）满足功能性原则

园林树木的种植要符合园林绿地的性质，满足其功能的要求。如街道两旁的行道树，要求树形美观、冠大、阴浓的速生树，如悬铃木、国槐、银杏等；防风林带以半透风结构效果最好，而滞尘林则以紧密结构效果最好；卫生防护绿地要选枝叶繁茂、抗性强的树种以形成保护墙，以抵御不良环境破坏。

自然式风格的园林应用树木的自然姿态和自然式的配置手法进行造景，而规则式风格的园林则主要采用对称、整齐式的手法造景。

（3）突出地方特色

不同的地区，在自然条件、历史文脉、文化有着很大的差异，城市绿化中园林树木的配置要因地制宜，要结合当地的自然资源，融合地域文化特色，体现地方特色，可大量使用乡土树种来产生良好的生态效益和突出地方特色。

（4）艺术性原则

园林树木有其特有的形态、色彩与风韵之美，园林树木配置不仅有科学性，还有艺术性，并且富于变化，给人以美的享受。在植物景观配置中应遵循对比与调和、均衡与动势、韵律与节奏三大基本原则。

植物造景时，既要讲究树形、色彩、线条、质地及比例都要有一定的差异和变化，显示多样性，又要保持一定的相似性，形成统一感，这样既生动活泼、又和谐统一。在配置中应掌握在统一中求变化，在变化中求统一的原则，用对比的手法来突出主题或引人注目。

植物配置时，将体量、质地各异的植物种类按均衡的原则配置，景观就显得稳定、顺畅。如色彩浓重、体量庞大、数量繁多、质地粗厚、枝叶繁茂的植物种类，给人以重的感觉；相反，色彩淡雅、体量小巧、数量简少、质地细柔、枝叶疏朗的植物种类，则给人以轻盈的感觉。根据周围环境，在配置时常运用有规则式均衡和不对称的均衡手法，在多数情况下常用不对称的均衡手法。如一条蜿蜒曲折的园路两旁，若在路右边种植一棵高大的雪松，则临近的左侧需植以数量较多，单株体量较少，成丛的花灌木，以求均衡，同时又有动势的效果。

植物配置中有规律的变化，就会产生韵律感，在重复中产生节奏感。一种树等距排列称为"简单韵律"；两种树木相间排列会产生"交替韵律"，尤其是乔灌木相间此效果更加明显；树木分组排列，在不同组合中把相似的树木交替出现，称为"拟态韵律"。

（5）树木配植中的经济原则

树木配置时要力求用最经济的投入创造出最佳的绿化和美化效果，产生最大的社会效益、经济效益和生态效益。如在重要的景点和建筑物的迎面可合理使用名贵树种；在园林树木配置时还可结合生产，增加经济收益，选择对土壤要求不高、养护管理简单的果树植物，如柿子、枇杷等果树，核桃、樟树等油料植物，杜仲、合欢、银杏等具有观赏价值的药用植物。

三、多树种配植的树群培育技术

栽植和培育多树种混交的园林树木群体，关键在于正确处理好不同树种的种间关系，使主要树种尽可能多受益、少受害。

（1）合理确定不同树种的比例和配植方式

栽植前，在慎重选择主要树种的基础上，确定合适的树种比例和配植方式，避免种间不利作用的发生。

（2）合理安排株行距

栽植时，通过控制栽植时间、苗木年龄，合理安排株行距来调节种间关系。实践证明，选用生长速度悬殊、对光的需求差异大的树种，以及采用分期栽植方法，可以取得良好的效果。

（3）采取合理措施对种间结构进行调控

在树木生长过程中，为了避免或消除不同树种种间对空间及营养争夺、对资源的竞争等可能造成的不利影响，需要及时采取人为措施进行定向干扰以实现对结构的调控。如当次要树种生长速度过快，其树高、冠幅过大造成主要树种光照不足时，可以采取平茬、修枝、疏伐等措施调节，也可以采用环剥、去顶、断根和化学药剂抑制等方法来控制次要树种的生长。如当次要树种与主要树种对土壤养分、水分竞争激烈时，可以采取施肥、灌溉、松土等措施，缓和推迟矛盾的发生。

四、园林树木配植的方式

园林树木配植的方式，就是指园林树木配置的方式搭配的样式，是运用美学原理，将乔木、灌木、竹类、藤本、花卉、草坪植物等作为主要造景元素，创造出各种引人入胜的植物景观。

（1）自然式配植

该形式自然、灵活，参差有致，没有一定的株行距和固定的排列方式，不论组成树木的株数或种类多少，均要求搭配自然，以孤植、丛植、群植、林植等自然形式为主，植物配置能表现自然、流畅、轻松、活泼的氛围，多用于休闲公园，如综合性公园、植物园等。

（2）规则式配植

该形式整齐、严谨，具有一定的株行距，且按固定的方式排列。特点是有中轴对称，多为几何图案形式，植物对称或拟对称，排列整齐一致，体现严谨规整、壮观、庄严的气氛。多用于纪念性园林、皇家园林。

（3）混合式配植

该形式规划灵活，形式有变化，景观丰富多彩。在某一植物造景中同时采用规则式和不规则式相结合的配置方式，多以局部为规则式，大部分为自然式植物配置，是公园植物造景常用形式。在实践中，一般以某一种方式为主而以另一种方式为辅结合使用。要求因地制宜，融洽协调，注意过渡转化自然，强调整体的相关性。

五、园林树木配置的方法

1. 孤植

孤植又叫单植，即单株树木孤立种植。单株配置（孤植）无论以遮阴为主，还是以观赏为主，都是为了突出树木的个体功能，但必须注意其与环境的对比与烘托关系。在规则式或自然式种植中均可采用，种植时选择比较开阔的地点，如草坪、花坛中心、道路交叉或转折点、岗坡及宽阔的湖池岸边等重要地点种植。植物选择应以阳性和生态幅度较宽的中性树种为主，一般情况下很少采用阴性树种，并具有树全高大、枝叶奇特、展枝优雅端庄、线条宜人的独株成年大树。如白皮松、黄山松、圆柏、侧柏、雪松、水杉、银杏、七叶树、鹅掌楸、槐香、广玉兰、合欢、海棠、樱花、梅花、碧桃、山楂、国槐等。孤植树具有强烈的标志性、导向性和装饰性作用。

2. 对植

对植是指对称地种植大致相等数量的树木，分对称式和非对称式对植。对称式对植要求在构图轴线的左右，如园门、建筑物人口、广场或桥头的两旁等，相对地栽植同种、同形的树木，要求外形整齐美观，树体大小一致。对植形式强调对应的树木全量、色彩、姿态的一致性，进而体现出整齐、平衡的协调美。非对称式对植常见于自然绿地中，不要求绝对对称，如树种相同，而大小、姿态、数量稍有变化。对植多用于构图起点，体现一种庄重的气氛，如宫殿、寺庙、办公楼和纪念性建筑前。

对植树种的选择因地而异，如在宫殿、寺庙和纪念性建筑前多栽植雪松、龙柏、桧柏、油松、云杉、冷杉、柳杉、罗汉松等；在公园、游园、办公楼等地，多选用桂花、广玉兰、银杏、杨树、龙爪槐、香樟、刺槐、国槐、落叶松、水杉、大王椰子、棕榈、针葵等。一些形态好、形体大的灌木，如木槿、冬青、大叶黄杨等也可对植。

3.列植

列植也称带植，即按一定的株行距，成行成带栽植树木。列植在平面上要求株行距相等，立面上树木的冠形、胸径、高矮、品种则要求大体一致，形成的景观比较单纯、整齐，它是规划式园林以及广场、道路、工厂、水边、居住区、办公楼等绿化中广泛应用的一种形式。列植可以是单行，也可以是多行，其株行距的大小决定于树冠的成年冠径，期望在短期内产生绿化效果，株行距可适当小些、密些，待成年时间伐，来解决过密的问题。

列植的树种，从树冠形态看最好是比较整齐，如圆形、卵圆形、椭圆形、塔形的树冠。枝叶稀疏、树冠不整齐的树种不宜用。由于行列栽植的地点一般受外界环境的影响大，立地条件差，在树种的选择上，应尽可能采用生长健壮、耐修剪、树干高、抗病虫害的树种。在种植时要处理好和道路、建筑物、地下和地上各种管线的关系。列植范围加大后，可形成林带、树屏。适用于道路两侧列植的树种有银杏、悬铃木、银白杨、疯杨、朴树、香樟、水曲柳、白蜡、栾树、白玉兰、广玉兰、樱花、山桃、杏、梅、光叶榉、国槐、刺槐、合欢、乌桕、木棉、雪松、白皮松、油松、云杉、冷杉、柳杉、大王椰子、棕榈等。

4.组植

组植是指由两株乃至十几株树木成组地种植在一起，基树冠线彼此密接而形成一个整体的外轮廓线，主要反映的是群体美，观赏它的层次、外缘和林冠等。组植因树木株数不同而组合的方式各异，不同株数的组合设计要求遵循一定的构图法则。

（1）三株一丛

三株树组成的树丛，三株的布置呈不等边三角形，最大和最小树种靠近栽植成一组，中等树稍远离成另一组，两组之间在动势上应有呼应。树种的搭配不宜超过两种，最好选择同一种而体形、姿态不同的树进行配置。如采用两种树种，最好为类似树种，如红叶李与石楠。

（2）四株一丛

四株树组成一丛，在配置的整体布局上可呈不等边的四边形或不等边三角形，四株树中基中不能有任何3株呈一直线排列。四株树丛的配置适宜采用单一或两种不同的树种。如果是同一种树，要求各植株在体形、姿态和距离上有所不同；如是两种不同的树，最好选择在外形上相似的不同树种。

（3）五株一丛

五棵树组成的树丛，在配置的整体布局上可呈不等边三角形、不等边四边形或不等边五边形，可分为两种形式，即"3+2"式组合配置和"4+1"式组合配置。在"3+2"配置中，注意最大的一棵必须在三棵的一组。在"4+1"配置中，注意单独的一组不能是最大株，也不能是最小株，且两组距离不能太远。五株一丛的树种搭配可由一个树种或两个树种组成，若用两种树木，株数以 3 ∶ 2 为宜。

5. 群植

用数量较多（一般在 20 株以上）的乔灌木（或加上地被植物）配植在一起，形成一个整体，称为群植。群植表现的是整个植物体的群体美，观赏整个植物体的层次、外缘和林冠等，用以组织空间层次，划分区域。根据需要，群植以一定的方式组成主景或配景，起隔离、屏障等作用。如采用以大乔木如广玉兰，亚乔木为白玉兰、紫玉兰或红枫，大灌木为山茶、含笑，小灌木为火棘、麻叶绣球所配植的树群中，广玉兰为常绿阔叶乔木，作为背景，可使玉兰的白花特别鲜明，三茶和含笑为常绿中性喜暖灌木，可作下木，火棘为阳性常绿小灌木，麻叶绣球为阳性落叶花冠木。群植的植物搭配要有季相变化，如以上配植的树群中，若在江南地区，2 月下旬山茶最先开花；3 月上中旬白玉兰、紫玉兰开花；白、紫相间又有深绿广玉兰作背景；4 月中下旬，麻叶绣球开白花又和大红山茶形成鲜明对比；次后含笑又继续开花，芳香浓郁；10 月间火棘又结红色硕果，红枫叶色转为红色，这样的配植，兼顾了树群内各种植物的生物学特性，又丰富了季相变化，使整个树群生气勃勃。

6. 散点植

散点植是以单株或双株、二棵树丛植作为一个点在一定面积上进行有韵律、有节奏的散点种植，在配置方式上既能表现个体的特性又使它们处于无形的联系之中。在表现形式上着重点与点间相呼应的动态联系，而不是强调每个点孤植树的个体美。

六、园林植物配置的艺术效果

（一）园林植物的观赏性

1. 色泽美

许多植物色彩是十分丰富的，它的色泽美表现在以下几个方面。

（1）叶色美

如鸡爪槭和红枫，红叶片十分优美；银杏在秋天到来时，叶片变成灿烂的金黄色；乌桕和卫矛在秋天则变成深红色；紫叶李一年四季全株叶片紫红。不同的季节，植物会呈现出不同的色彩，令住在城市里的人们感觉到大自然季节的四季转换。

（2）枝干色美

当落叶树种休眠落叶后，在颜色比较单调的北方，有色枝干就成了一个观赏部位，红瑞木、马尾松、杉木、红冠柳等枝干为红色或褐色；白皮松、悬铃木、白千层等枝干为白色；金枝槐、金枝柳等枝干为黄色；紫竹枝干为紫色；黄金嵌碧玉竹枝干为斑驳色；大多数园林树木呈灰褐色。

（3）花色美

不同颜色的花搭配在一起，就可形成百花园。花的颜色可分为隐色花；淡色花，如白色花；艳色花，如石榴、红碧桃花红色，桂花、蜡梅、连翘等花黄色，紫藤、木槿花蓝紫色；复色花，如金银木的花刚开时为白色，快凋谢时为黄色。

（4）果色美

果实现的颜色在园林植物的观赏中占有重要地位，特别是有的果实在秋季成熟时，有的果实终冬不落，在光秃的枝条上或枝叶间点缀不同颜色的果实，如南天竹、紫叶小檗果实红色；可可、佛手、木瓜等果实黄色；紫叶李、紫葡萄等果实紫色；小叶女贞、常春藤、金银花、水蜡等果实黑色。

2. 形态美

园林植物的形态千奇百怪，它的美主要表现在以下几个方面。

（1）树形美

如雪松、窄冠侧柏呈尖塔形，其树形干性强，主干挺拔，给人以一种坚强、威武不屈的感觉；球柏、刺槐等呈球形，整体浑圆可爱，给人一种厚重的感觉；北美贺柏、塔柏呈圆柱形，整体浑圆，树干上下宽窄一致，给人以雄伟、庄严、稳固的感觉。

（2）叶形美

如圆柏、侧柏、油松等叶呈针叶形；小叶黄杨、紫叶小檗、米兰等叶形呈小叶形；海棠、杏等呈中叶形；琴叶榕、蒲葵等呈大叶形；银杏、马褂木、鱼尾葵、枸骨等呈特殊叶形。

（3）花形美

园林植物花的形状多种多样，如漏斗形、唇形、十字形、蝶形等。果形美，奇特的单果形或果穗形具有很强的观赏性，如元宝树的元宝形果，腊肠树的腊肠果，栾树的灯笼形果，秤锤树的秤锤形果，佛手的佛手形果穗，紫玉兰的圆柱形聚合果穗，火炬树的火炬形果德等。

（4）枝干形美

奇特的枝干也具有很强的观赏性，如龙爪槐、龙爪柳等。

3. 意境美

各地在漫长的植物栽培和应用中，根据园林生态的不同及各地的气候差异，形成了具有地方特色的植物景观，并与当地的文化融为一体，在应用植物的过程中，出现了许多吟诵植物的雅诗使植物景观有更高的境界和人文特征，具有了某种意境。如竹是从古至今人们情有独钟的一种植物，早在晋代，戴凯之便写出了世界上关于竹的最早专著《竹谱》继而白居易又写了《养竹记》，说："竹性直，直以立身""竹心空，空以体道"。苏轼也有"不可居无竹"之说。

（二）园林植物的配置的艺术效果

园林植物的配置的艺术效果是多方面的、复杂的，不同的树木不同配置组合能形成千变万化的景观。

（1）丰富感

园林植物种类多样化能给人丰富多彩的艺术感受，乔木与灌木的搭配能丰富园林景观的层次。在建筑物基周围的种植称为"基础种植"或"屋基配植"，低矮的灌木可以用于"基础种植"种在建筑物的四周、园林小品和雕塑基部，既可用于遮挡建筑物墙基生硬的建筑材料，又能对建筑物和小品雕塑起到装饰和烘托点缀作用，如苏州留园华步小筑的爬山虎，拙政园枇杷园墙上的络石。

（2）平衡感

平衡分对称的平衡和不对称的平衡两类，平衡分对称是用体量上相等或相近的树木在轴线左右进行完全对称配植、以相等的距离进行配植而产生的效果，给人庄重严整的感觉。规则式的园林绿地采用较多，如行道树的两侧对称，花坛、雕塑、水池的对称布置；园林绿地建筑、道路的对称布置。不对称的平衡是用不同的体量、质感以不同距离进行配植而产生的效果，如门前左边一块山石，右边一丛乔灌木等的配置。

（3）稳固感

在园林局部或园景一隅中常见到一些设施物的稳固感是由于配植了植物后才产生的。如园林中的桥头配植，在桥头植物配植前，桥头有秃硬不稳定感，而配植树木之后则感稳定，能获得更好的风景效果。

（4）肃穆感

应用常绿针叶树，尤其是尖塔形的树种常形成庄严肃穆的气氛，例如纪念性的公园、陵墓、纪念碑等前方配植的松、柏如冷杉能产生很好的艺术效果。

（5）欢快感

应用一些线条圆缓流畅的树冠，尤其是垂枝性的树种常形成柔和欢快的气氛，例如杭州西子湖畔的垂柳。在校园主干道两侧种植绿篱，使人口四季常青，或种植开花美丽的乔木间植常绿灌木，给人以整洁亮丽、活泼的感觉。

（6）韵味感

配植上的韵味效果，颇有"只可意会，不可言传"的意味。只有具有相当修养水平的园林工作者和游人能体会到其真谛。

总之，树木配植的艺术效果是多方面的、复杂的，欲发挥树木配植的艺术效果，应考虑美学构图上的原则、了解树木的生长发育规律和生态习性要求，掌握树木体自身和其与环境因子相互影响的规律，具备较高的栽培管理技术知识，并要有较深的文学、艺术修养，才能使配植艺术达到较高的水平。此外，应特别注意对不同性质的绿地应运用不同的配植方式，例如公园中的树丛配植和城市街道上的配植是有不同的要求的，前者大都要求表现自然美，后者大都要求整齐美，而且在功能要求方面也是不同的，所以配植的方式也不同。

第四节　栽植密度与树种组成

一、栽植密度

在树木的群集栽培中，特别是在树群和片林中，密度或相邻植株之间的距离是否合适，直接影响树木营养空间的分配和树冠的发育程度，同时会影响树木的群体结构。因此，栽植密度是形成群体结构的主要因素之一，在植物选择与配置时要充分了解由各种密度所形成的群体以及组成该群体的个体之间相互作用规律。

（一）栽植密度对树木生长发育的影响

（1）影响树冠的发育

栽植密度不同，树冠发育不同，树木的平均冠幅随栽植密度增加而递减。

（2）影响群体及其组成个体形象的表现程度

栽植密度不同，群体及其组成个体形象的表现程度不同。

（3）影响树干直径和根系生长

栽植密度不同，树冠或林冠的透光度和光照强度不同、叶面积指数的大小和光合产物的多少不同，从而影响树干的直径和根系生长。

（4）影响开花结实

（二）确定栽植密度的原则

密度对树木生长发育的影响是稳定配置距离的理论依据。

1. 根据栽培目的而定

园林树木的功能多种多样，主要目的或应发挥的主要功能不同，要求采用的密度不同，形成的群体不同。

（1）以观赏为目的

若以群体美为主的，栽植观花、观果园林树木，栽植密度不宜过大，以满足树冠的最大发育程度即成年的平均冠幅为原则；若以个体美为主的，确定其栽植密度的原则是：使树冠能得到充分的光照条件，以体现"丰、香、彩"的艺术效果。

（2）以防护为目的

若以防风为主的防护林带，密度要以林带结构的防风效益为依据，栽植密度不宜太大；若以水土保持和水源涵养林，确定其栽植密度的原则是：能迅速遮盖地面，并形成厚的枯枝落叶层，栽植密度以大为好。

2. 根据树种而定

由于各树种的生物学特性不同，其生长速度及对光照等条件的要求也有很大差异。如耐阴树种对光照片条件的要求不高，生长较慢，栽植密度可大些；阳性树种不耐庇荫，密度过大影响生长发育，栽植密宜小些；窄冠树种适当密植；开张树形，对光照条件要求强烈，生长迅速，必须稀植。

（1）根据立地条件而定

立地条件的好坏是树木生长快慢最基本的因素。好的立地条件能给树木提供充足的水肥，树木生长较快，配置间距要大一些，立地条件差，配置间距要小一些。

（2）根据经营要求而定

为提前发挥树木的群体效或为了贮备苗木，可按设计要求适当密植，待其他地区需要苗木或因密度过大而抑制生长时及时移栽或间伐。

二、树种组成

（一）有关概念

（1）树种组成

是指树木群集栽培中构成群体的树种成分及其所占比例。

（2）单纯树群（纯林、单纯林、单优群体）

由一个树种组成的群体称为单纯树群或单纯林。

（3）混交树群（混交林、混植、多优群体）

由两个或两个以上的树种组成的群体称为混交树群或混交林，每个种树比例≥10%。园林树木的群集栽培多为混交树群或混交林。

（二）混交树群或混交林的特点

（1）充分利用营养空间

通过把不同生物学特性的树种适当进行混交，能充分地利用空间。如耐阴性、根型、生长特点、嗜肥性等不同的树种搭配在一起形成复层混交林，可以占有较大的地上与地下空间，有利于树种分别在不同时期和不同层次范围能够得到光照、水分和各种营养物质。

（2）改善环境的作用

混交林的冠层厚，叶面积指数大，结构复杂，可以形成小气候，积累数量多而成分复杂的枯落物，并有较高的防护与净化效益。

（3）抗御自然灾害的能力

由于混交林环境梯度的多样化，适合多种生物生活，食物链复杂，容易保持生态平衡，因而抗御病虫害及不良气象因子危害的能力强。

（4）观赏的艺术效果

混交林组成与结构复杂，只要配植适当就能产生较好的艺术效果：一是丰富景观的层次感，包括空间、时间、色彩和明暗层次；二是因生物成分增加，表现景观的勃勃生机，增加艺术感染力。

（三）树种的选择与搭配

在树种混交配置造景中，树种的选择与搭配必须根据树种的生物学特性、生态学特性及造景要求进行，特别是树种的生态学特性及种间关系是进行树种选择的重要基础。

1. 重视主要（基调或主调）树种的选择

特别是乡土树种、市树市花，使主要树种的生态学特性与其栽培地点的立地条件处于最适状态。

2. 为主要树种选择好混交树种

①混交树种有良好的配景作用及良好的辅助、护土、改土或其他效能。

②混交树种与主要树种的生态学特性应有较大差异，对环境资源利用最好互补。

③树种之间没有共同的病虫害。

混交树种的选择是调节种间关系的重要手段，也是保证增强群体稳定性，迅速实现其景观与环境效益的重要措施。根据所选各个树种的生态学特性合理搭配，重点考虑耐阴性及所处的垂直层次。垂直配置时，上层、中层及下层应分别为阳性、中性及阴性树种。水平配置时，近外缘，特别是南面外缘附近，可栽植较喜光的树种。

第五节　生态园林的植物群落

一、生态园林概念

生态园林这一概念最早出现在 20 世纪 20 年代的荷兰、美国、英国等西方国家，主要是指从保护自然景观出发，建立让植被群落自然发育的园林。1986 年在温州召开了由中国林学会主办的"城市绿地系统，植物造景与城市生态"学术研讨会，提出了生态园林的新概念。生态园林是继承和发展传统园林的经验，遵循生态学原理，建设多层次、多结构、多功能的植物群落，建立人类、植物、动物相联系的新秩序，达到生态美、文化美、艺术美，使生态、社会、经济效益同步发展，实现生态环境的良性循环。

二、生态园林植物群落建设

1. 生态园林建设的目的

①为人们提供赖以生存的良性循环的生活环境。

②建立科学的人工植物群落，提高太阳能的利用率、生物能的转化率以及绿色植物生态调节能力。

③在绿色环境中提高艺术水平，提高游览观赏价值，提高社会公益效益，提高保健休养功能等。

2. 生态园林植物群落建设

按照生态园林的主要功能，大致将生态园林植物群落划分为观赏型、环保型、保健型、知识型、生产型、文化型六种类型。这六种生态园林类型不是孤立的，它们是互相渗透、互相联系的，往往任一种生态园林都具有多种功能。

（1）观赏型人工植物群落

观赏型植物群落是以观赏为主要目的的人工植物群落，此植物群落的建设要从景观、生态、人的心理和生理对美的需求等方面综合考虑、合理进行配置。

①保护性开发植物资源，持续发展景观多样性。景观的多样性是以物种的多样化为依托，在保护物种资源的基础上实现野生资源的持续利用。从全国城镇绿化的现状来看，在街道、广场、居民区等人工设计、构建的绿化模式中，树种的运用比较单一、个体抗逆性差，甚至有仅为造景而造景的现象。

②运用传统与现代相结合的手法配置植物。中国传统小型园林的植物配置多采用单株配置手法，强调意境、注重情趣。现代城市中的公共空间具有开放性、公共性和大空间、快节奏等特点。在植物群落的建设中应根据具体空间环境运用传统与现代相结合的手法来配置植物。如局部小景（小花园）可采用单株配置，充分发挥植物个体美；开放的居住区绿地、公路绿地等大空间应成片成列种植；更大面积的森林公园等则大片成群种植，追求大的自然效果。

③模拟自然群落，配合人工修剪。园林建设者要充分利用和掌握植物的自然姿态，模拟自然群落，创建生态健全的环境，并要运用各种审美规律加以人工的"剪裁"，通过形态、高低、色彩、质感的手法来体现人工的艺术匠心，使得人工植物群落升华到一个更高的艺术境地。

（2）环保型的人工植物群落。环保型的人工植物群落是指以保护城乡环境，促进生态平衡为目的的植物群落。

①护岸林带。在沿江、沿海岸线，按防风林带标准，建立能护堤固滩的人工植物群落，具防风、消浪、固滩、护坡、脱盐、改良土壤等功效，能给附近居民带来长远利益。如上海浦东的潮滩地，经过多年的选种、引种，建立欧美杨—大米草—海芦苇人工植物群落，

发挥了较好的护岸效果。

②农田防护林。利用农田四周的沟渠、道路，行状种植树木形成林带并联成网格。林网总体防风效能高，且林带落叶可肥田、改良土壤，提高作物产量。

③卫生防护林带。一般设置在生活区与工厂区之间或农田与工厂区之间，防护林带的树种应选择抗污染强的乔木、灌木及地被植物，在树种配置上要注意多树种、多层次，增加叶面积指数，防止生态位重叠，并在结构上采用疏透的结构，最佳通透度为 0.3～0.4。

④监测植物群落。监测植物群落是一种低成本、能综合反映环境质量的监测工具，方法是将一些对特定的污染物敏感并表现有明显的症状植物组合配植，通过观测其生长或受害症状来确定环境的污染情况。

⑤衰减噪声的人工植物群落。不同树种组成的植物群落，其减低噪声的效果不同。如叶细分枝低的雪松、雪杉减噪声效果较好，高大的悬铃木则较差；珊瑚树栽成宽 40m 的绿带就可衰减噪声 28dB。

⑥净化水质的植物群落。选用具有抗污染耐水湿的树种在郊区的低地构筑人工森林，将城市的生活污水通过适当处理后排放入林地，污水经树木根系吸收及土壤净化后最终进入自然水体，由此来净化城市污水。

（3）保健型人工植物群落

植物群落与人类活动相互作用，具有除尘杀菌、对人体产生增强体质、预防和治疗疾病的能力。如松科、柏科、槭树科、木兰科、忍冬科、桑科、桃金娘科等许多植物对结核杆菌有抑制作用；桦、栎、松、冷杉所产生的杀菌素能杀死白喉、结核、霍乱和痢疾的病原菌；杀菌能力很强的有黑胡桃、柠檬、悬铃木、橙、茉莉、白皮松、柳杉、雪松等；观景赏色，安神健身颜色对精神病人起着一定的作用，按植物不同色彩配置的群落，预期在赏景观色的同时对人类某些疾病将会有不同的疗效。在植物配置时应注意最大限度地提高绿地率和绿视率，创造人与自然的和谐，据研究，绿视率为 25% 则能消除眼睛和心理疲劳。

（4）知识型人工植物群落

知识型生态园林是运用植物典型特征建立能激发人们探索对自然奥秘的兴趣，并同时传授知识的植物群落。在植物选用时可将一些知识趣味性强的乔木、灌木和地被植物按株高、色彩、季相、共生、和谐等要素布局，可建设为提供科普教育的基地。科普教育如设立植物名录牌、结合环境布置科普廊、建立陈列馆等，通过文字、音像、标本、实物等多手段结合，将科学性、趣味性、知识性融为一体。

（5）生产型人工植物群落

建设生产型生态园林应在适宜的立地条件下，发展具有一定经济价值的乔、灌、草植物，以满足市场需求，同时最大限度地协调环境，如可选用具有不同医疗功能的药用植物来建设生产性的群落。在配置中要避免种植具有毒性作用的树木，如驱虫类有槟榔、苦楝；祛风湿有木瓜、桑、臭梧桐；抗癌类有三尖杉、接骨木、喜树；止血类有槐花、侧柏等；许多经济树种也是药材，如核桃、杏仁、大枣、花椒、文冠果、刺五加、杜仲、厚朴、五味子等。

（6）文化型人工植物群落

文化型生态园林包括文化环境和文化娱乐两种。前者是通过不同特征植物的组合和布局，形成具有特定文化氛围的园林，特定的文化环境如古典园林、风景名胜、纪念性园林、宗教寺庙等，要求通过各种方式的植物配置，使园林绿化具有相应的文化环境气氛；后者是融自然景观、旅游观光为一体的文化娱乐园，如利用植物外形创造与文化设施相适应的环境气氛、栽植大量乡土树种，与当地的人文、习俗相适，从而融自然景观、文化艺术、体育保健、旅游观光、度假购物、娱乐游憩于一体，既具有良好生态环境、优美景色，又有浓浓文化背景的生态园林。

第三章　园林树木栽培与养护

第一节　园林树木栽植成活原理

一、栽植的概念与意义

1. 栽植的概念

园林树木的栽植是一个系统的、动态的操作过程，应区别于狭义的"种植"。在园林绿化工程中，树木栽植更多地表现为移植。树木移植是园林绿地养护过程中的一项基本作业，主要应用于对现有树木保护性的移植，对密度过高的绿地进行结构调整中发生的作业行为。一般情况下，包括起挖、装运和定植三个环节。从生长地连根撅起的操作，叫起挖，包括裸根或带土球起挖；将起挖出的树木，运到栽植地点的过程，叫装运。栽植依种植时间的长短和地点的变化，可分为假植、寄植、移植和定植。

（1）假植

假植即将树木根系用湿润土壤进行临时性的埋植。如果树木起运到目的地后，因诸多原因不能及时定植，应将苗木进行临时假植，以保持根部不脱水，但假植时间不应过长。

（2）寄植

将植株临时种植在种植地或容器中的方法。寄植比假植要求高，一般是在早春树木发芽前，按规定挖好土球苗或裸根苗，在施工场地附近进行相对集中培育。

（3）移植

苗木种植在某地，经生长一段时间后移走，此次栽植叫移植。

（4）定植

按设计要求将树体栽植到目的地的操作，叫定植，定植后的树木将永久性地生长在栽种地。

2. 栽植的意义

（1）绿地树木种植密度的调整需要

在城市绿化中，为了能使绿地建设在较短的时间内达到设计的景观效果，一般来说，初始种植的密度相对较大，一段时间后随着树体的增粗、长高，原有的空间不能满足树冠的继续发育，需要进行抽稀调整。同时对树木本身而言栽植时切断部分主、侧根，促进须根发展，移植后的合理密植，苗木齐头并进，对养好树干及养好树冠有重要意义。

（2）建设期间的原有树木保护

在城市建设过程中，妨碍施工进行的树木，如果被全部伐除、毁灭，将是对生态资源的极大损害。特别是对那些有一定生长体量的大树，应做出保护性规划，尽可能保留；或采取大树移植的办法，妥善处置，使其得到再利用。在这种情况下一般要实施大树移植。

（3）城市景观建设需要

在绿化用地较为紧张的城市中心区域或城市绿化景观的重要地段，如城市中心绿地广场、城市标志性景观绿地、城市主要景观走廊等，适当考虑大树移植以促进景观效果的早日形成，具有重要的现实意义。但目前我国的大树移植，多以牺牲局部地区、特别是经济不发达地区的生态环境为代价，故非特殊需要，不宜倡导多用，更不能成为城市绿地建设中的主要方向。

二、园林树木栽植成活原理

园林树木在栽植过程中可能发生一系列对树体的损伤，如根部的损伤，特别是根系先端具主要吸水功能的须根的大量丧失，使得根系不再能满足地上部枝叶蒸腾所需的大量水分供给；又如树木在挖掘、运输和定植过程中，为便于操作及日后的养护管理，提高栽植成活率，通常要对树冠进行程度不等的修剪。这些对树体的伤害直接影响了树木栽植的成活率和植后的生长发育。要确保栽植树木成活并正常生长，则要了解其成活原理。

（1）遵循树体生长发育的规律

树木在长期的系统进化过程中，经过自然选择，在形态、结构和生理上逐渐形成了对现有生存环境条件的适应性，并把这种适应性遗传给后代，形成了对环境条件有一定要求的特性。栽植树木时，要选择适宜栽植的树种，并要掌握适宜的栽植时期，采取适宜的栽植方法，提供相应的栽植条件和管护措施。

（2）掌握园林树木的代谢平衡

特别关注树体水分代谢生理活动的平衡，协调树体地上部和地下部的生长发育矛盾，促进根系的再生和树体生理代谢功能的恢复，使树体尽早、尽好地表现出根壮树旺、枝繁叶茂等生机。

第二节　园林树木的栽培技术

一、一般立地条件下的园林树木栽植技术

（一）栽植前的准备工作

1. 明确设计意图，了解栽植任务

园林树木栽植是园林绿化工程的重要组成部分，绿化工程的设计思想决定着树木种类的选择、树木规格的确定以及树木定植的位置。因此，在栽植前必须对工程设计意图有深刻的了解，才能完美表达设计要求。

①加强对树种配置方案的审查，避免因树种混植不当而造成的病虫害发生。如槐树与泡桐混植，会造成椿象、水木坚蚧大发生；桧柏应远离海棠、苹果等蔷薇科树种，以避免苹桧锈病的发生；银杏树作行道树栽植应选择雄株，要求树体规格大小相对一致，不宜采用嫁接苗；作景观树应用，则雌、雄株均可。

②必须根据施工进度编制翔实的栽植计划及早进行人员、材料的组织和调配，并制定相关的技术措施和质量标准。

③了解施工现场地形、地貌及地下电缆分布与走向，了解施工现场标高的水准点及定点放线的地上固定物。

2. 现场调查

在明确设计意图，了解栽植任务之后，工程的负责人员要对施工现场进行与设计图纸和说明书仔细核对与踏勘，以便掌握以后在施工过程中可能碰到的问题。

①核对施工栽植面积、定点放线的依据，调查施工现场的各种地物，如有无拆迁的房屋、须移走或需变更设计保留的古树名木。

②调查土质情况、地下水位、地下管道分布情况，确定栽植地是否客土或换土及用量。

③调查施工现场的水、电、交通情况，做好施工期间生活设施的安排。

3. 制定施工方案及施工原则

施工方在了设计意图及对现场调查之后，应组织相关技术人员制定出施工方案及施工原则。内容包括：施工组织领导和机构，施工程序与进度表，制定施工预算，制定劳动定额，制定机械运输车辆使用计划和进度表，制定工程所需的材料、工具及提供材料的进度表，制定栽植工程的施工阶段的技术措施和安全、质量要求。绘制出平面图，并在图上标出苗木假植、运输路线和灌溉设备等的位置。

4. 现场清理

在工程施工前，进驻施工现场，则需对施工现场进行全面清理，包括拆迁或清除有碍施工的障碍物、按设计图要求进行地形整理。

5. 地形准备

依据设计图纸进行种植现场的地形处理，是提高栽植成活率的重要措施。必须使栽植地与周边道路、设施等的标高合理衔接，排水降渍良好，并清理有碍树木栽植和植后树体生长的建筑垃圾和其他杂物。

6. 土壤准备

在栽植前对土壤进行测试分析，明确栽植地点的土壤特性是否符合栽植树种的要求，特别是土壤的排水性能，尤应格外关注，是否需要采用适当的改良措施。

7. 定点放线

依据施工图进行定点测量放线，是关系到设计景观效果表达的基础。

（1）绿地的定点放线

①尺徒手定点放线。放线时应选取图纸上已标明的固定物体（建筑或原有植物）作参照物，并在图纸和实地上量出它们与将要栽植植物之间的距离，然后用白灰或标桩在场地上加以标明，依此方法逐步确定植物栽植的具体位置，此法误差较大，只能在要求不高的绿地施工采用。

②网放线法。先在图纸上以一定比例画出放格网，把放格网按比例测设到施工现场去（多用经纬仪），再在每个方格内按照图纸上的相应位置进行绳尺法定点。此法适用范围大而地势平坦的绿地。

③标杆放线法。标杆放线法是利用三点成一直线的原理进行，多在测定地形较规则的栽植点时应用。

论何种放线法都应力求准确，从植苗木的树丛范围线应按图示比例放出；从植范围内的植物应将较大的放于中间或后面，较小的放在前面或四周；自然式栽植的苗木，放线要保持自然，不得等距离或排列成直线。

（2）行道树的定点放线

以路牙石为标准，无路牙石的以道路中心线为标准，无路牙石的以道路树穴中心线为标准。用尺定出行位，作为行位控制标记，然后用白灰标出单株位置。对设计图纸上无精确定植点的树木栽植，特别是树丛、树群，可先划出栽植范围，具体定植位置可根据设计思想、树体规格和场地现状等综合考虑确定。一般情况下，以树冠长大后株间发育互不干扰、能完美表达设计景观效果为原则。行道树栽植时要注意树体与邻近建（构）筑物、地下工程管路及人行道边沿等的适宜水平距离。

8. 栽植穴的起挖

起挖严格按定点放线标定的位置、规格挖掘树穴。乔木类栽植树穴的开挖，在可能的情况下，以预先进行为好。特别是春植计划，若能提前至秋冬季安排挖穴，有利于基肥的分解和栽植土的风化，可有效提高栽植成活率。

（1）栽植穴规格

树穴的大小和深浅应根据树木规格和土层厚薄、坡度大小、地下水位高低及土壤墒情而定。

树穴达到规定深度后，还需再向下翻松约20cm深，为根系生长创造条件。实践证明，大坑有利树体根系生长和发育。如种植胸径为5～6cm的乔木，土质又比较好，可挖直径约80cm、深约60cm的坑穴。但缺水沙土地区，大坑不利保墒，宜小坑栽植；黏重土壤的透水性较差，大坑反易造成根部积水，除非有条件加挖引水暗沟，一般也以小坑栽植为宜。竹类栽植穴的大小，应比母竹根蔸略大、比竹鞭稍长，栽植穴一般为长方形，长边以竹鞭长为依据；如在坡地栽竹，应按等高线水平挖穴，以利竹鞭伸展，栽植时一般比原根蔸深5～10cm。定植坑穴的挖掘，上口与下口应保持大小一致，切忌呈锅底状，以免根系扩展受碍。

（2）栽植穴要求

树穴的平面形状没有硬性规定，多以圆形、方形为主，以便于操作为准，可根据具体情况灵活掌握。挖掘树穴时，以定点标记为圆心，按规定的尺寸先划一圆圈，然后沿边线垂直向下挖掘，穴底平，切忌挖成锅底形。

挖穴时应将表土和心土分边堆放，如有妨碍根系生长的建筑垃圾，特别是大块的混凝土或石灰下脚等，应予清除。情况严重的需更换种植土，如下层为白干土的土层，就必须换土改良，否则树体根系发育受抑。地下水位较高的南方水网地区和多雨季节，应有排除坑内积水或降低地下水位的有效措施，如采用导流沟引水或深沟降渍等。

树穴挖好后，有条件时最好施足基肥，基肥施入穴底后，须覆盖深约20cm的泥土，以与新植树木根系隔离，不致因肥料发酵而产生烧根现象。

9.苗木准备

（1）号苗

按设计要求到苗木场选择所需苗木的规格，并做出记号，称号苗。按设计要求和质量标准到苗木产地逐一进行"号苗"，并做好选苗资料的记载包括时间、苗圃（场）、地块、树种、数量、规格等内容。选苗时要考虑起苗场地土质情况及运输装卸条件，以便妥善组织运输。选苗时要用醒目的材料做上标记，标记的高度、方向要一致，便于挖苗。选苗数量要准确，每百株可加选1～2株以备用。

（2）拢树冠或修剪为方便挖掘操作，保护树冠，对枝条分枝低的树木，用草绳将树冠适当包扎和捆拢，注意松紧度，不能折伤侧枝。对于分枝较高的常绿树种，可根据树木种类、大小、种植时间采取不同程度的修剪。如胸径为6～15cm的桂花树一般只修剪交叉枝、病虫枝等，而对于同规格的小叶榕、小叶榄仁等夏季栽植的树种则应进行重剪。

（二）栽植程序与技术

1. 起苗

（1）裸根起挖

绝大部分落叶树种可行裸根起苗。根系的完整和受损程度是决定挖掘质量的关键，树木的良好有效根系，是指在地表附近形成的由主根、侧根和须根所构成的根系集体。一般情况下，经移植养根的树木挖掘过程中所能携带的有效根系，水平分布幅度通常为主干直径的 6 ~ 8 倍；垂直分布深度，为主干直径的 4 ~ 6 倍，一般多在 60 ~ 80cm，浅根系树种多在 30 ~ 40cm。绿篱用扦插苗木的挖掘，有效根系的携带量，通常为水平幅度 20 ~ 30cm，垂直深度 15 ~ 20cm。

对规格较大的树木，当挖掘到较粗的骨干根时，应用手锯锯断，并保持切口平整，坚决禁止用铁锹去硬铲。对有主根的树木，在最后切断时要做到操作干净利落，防止发生主根劈裂。

起苗前如天气干燥，应提前 2 ~ 3 天对起苗地灌水，使土质变软、便于操作，多带根系；根系充分吸水后，也便于贮运，利于成活。而野生和直播实生树的有效根系分布范围，距主干较远，故在计划挖掘前，应提前 1 ~ 2 年挖沟盘根，以培养可挖掘携带的有效根系，提高移栽成活率。树木起出后要注意保持根部湿润.避免因日晒风吹而失水干枯，并做到及时装运、及时种植。距离较远时，根系应打浆保护。

（2）带土球起挖一般常绿树、名贵树和花灌木的起挖要带土球。

①起挖前准备。准备主要工具，如铲子和锋利的铲刀、锄头或镐、草绳、拉绳、吊绳、树干护板、软木支垫、锋利的手锯、吊车、运输车等。为防止挖掘时土球松散，如遇干燥天气，可提前一两天浇以透水，以增加土壤的黏结力，便于操作。

②土球大小的确定。乔木树种挖掘的根幅或土球规格一般以树干胸径以下的正常直径大小而定。乔木树种根系或全球挖掘直径一般是树木胸径的 6 ~ 12 倍，其中树木规格越小，比例越大；反之，越小。

③起挖大树。土球直径不小于树干胸径的 6 ~ 8 倍，土球纵径通常为横径的 2/3；灌木的土球直径为冠幅的 1/3 ~ 1/2。起挖时以树干为中心，比计算出的土球大 3 ~ 5cm 划圆。顺着所划圆向外开沟挖土，沟宽 60 ~ 80cm。土球高度一般为土球直径的 60% ~ 80%。对于细根可用利铲或铲刀直接铲断。粗大根必须用手锯锯断，切忌用其他工具硬性弄断撕裂。土球基本成形后将土球修整光滑，以利包扎。土球修整到 1/2 时逐渐向里收底，收到 1/3 时，在底部修一平底，整个土球呈倒圆台形。

④捆扎土球。首先在树基部扎草绳钉护板以保护树干。然后"打腰箍"，一般扎 8 ~ 10 圈草绳。草绳捆扎要求松紧适度，均匀。

2. 苗木的装运

苗木吊装时应尽量避免损伤树皮和碰伤土球。装车时应用软绳，保护树皮。土球装车时要小心轻放，且在土球的下方垫软的原生土或草绳，以防弄散土球。树干与后车板接触处必须由软木支撑。车厢中土球两侧用软木或沙袋支垫。运输途中树冠应高于地面，防止枝冠损伤，并注意运输中树枝伤人损物。路况不好，应缓慢小心行驶。

3.苗木的假植

已挖掘的苗木因故不能及时栽植下去，应将苗木进行临时假植，以保持根部不脱水，但假植时间不应过长。假植场地应选择靠近种植地点、排水良好、湿度适宜、避风、向阳、无霜害、近水源、搬运方便的地方。

①裸根苗木假植。裸根苗木假植采取掘沟埋根法。干旱多风地区应在栽植地附近挖浅沟，将苗木呈稍斜放置，挖土埋根，依次一排排假植好。若需较长时间假植，应不影响施工的附近地点挖一宽 1.5 ~ 2m、深 0.3 ~ 0.4m、长度视需要而定的假植沟，将苗木分类排码，码一层苗木，根部埋压一层土，全部假植完毕以后仔细检查，一定要将根部埋严，不得裸露。若土质干燥还应适量灌水，保证根部潮湿。对临时放置的裸根苗，可用苦布或草帘盖好。

②带土球假植。带土球假植可将苗木集中直立放在一起。若假植时间较长，应在四周培土至土球高度的1/3左右夯实，苗木周围用绳子系牢或立支柱。假植期间要加强养护管理，防止人为破坏；应适量浇水保持土壤湿润，但水量不宜过大，以免土球松软，晴天还应对常绿树冠枝叶喷水，注意防治病虫害。苗木休眠期移植，若遇气温低、湿度大、无风的天气，或苗木土球较大在 1 ~ 2 天内进行栽植时可不必假植，应用草帘覆盖。

4.苗木的栽植

（1）修冠、修根

在定植前，对树木树冠必须进行不同程度的修剪，以减少树体水分的散发，维持树势平衡，以利树木成活。修剪量依不同树种及景观要求有所不同。

①落叶乔木修剪。对于较大的落叶乔木，尤其是生长势较强、容易抽出新枝的树种，如杨、柳、槐等，可进行强修剪，树冠可减少至1/2以上，这样既可减轻根系负担、维持树体的水分平衡，也可减弱树冠招风、防止体摇，增强树木定植后的稳定性。

具有明显主干的高大落叶乔木，应保持原有树形，适当疏枝，对保留的主侧枝应在健壮芽上短截，可剪去枝条的1/3 ~ 1/2。无明显主干、枝条茂密的落叶乔木，干径10cm 以上者，可疏枝保持原树形；干径为 5 ~ 10cm 的，可选留主干上的几个侧枝，保持适宜树形进行短截。

②花灌木及藤蔓树种的修剪。应符合下列规定：带土球或湿润地区带宿土的裸根树木及上年花芽分化已完成的开花灌木，可不作修剪，仅对枯枝、病虫枝予以剪除。分枝明显、新枝着生花芽的小灌木，应顺其树势适当强剪，促生新枝，更新老枝。枝条茂密的大灌木，可适量疏枝。对嫁接灌木，应将接口以下砧木上萌生的枝条疏除。用作绿篱的灌木，可在种植后按设计要求整形修剪。在苗圃内已培育成型的绿篱，种植后应加以整修。攀缘类和

藤蔓性树木，可对过长枝蔓进行短截。攀缘上架的树木，可疏除交错枝、横向生长枝。

③常绿乔木修剪。常绿乔木如果枝条茂密且具有圆头形树冠的，可适量疏枝。枝叶集生树干顶部的树木可不修剪。具轮生侧枝的常绿乔木，用作行道树时，可剪除基部 2 ～ 3 层轮生侧枝。常绿针叶树，不宜多修剪，只剪除病虫枝、枯死枝、生长衰弱枝、过密的轮生枝和下垂枝。用作行道树的乔木，定干高度宜大于3m，第一分枝点以下枝条应全部剪除，分枝点以上枝条酌情疏剪或短截，并应保持树冠原型。珍贵树种的树冠，宜尽量保留，以少剪为宜。

（2）树木定植

①定植深度。栽植深度是否合理是影响苗木成活的关键因素之一。一般要求苗木的原土痕与栽植穴地面齐平或略高。栽植过深容易造成根系缺氧，树木生长不良，逐渐衰亡；栽植过浅，树木容易干枯失水，抗旱性差。苗木栽植深度受树木种类、土壤质地、地下水位和地形地势影响。一般根系再生力强的树种（如杨、柳、杉木等）和根系穿透力强的树种（如悬铃木、樟树等）可适当深栽，土壤排水不良或地下水位过高应浅栽；土壤干旱、地下水位低应深栽；坡地可深栽，平地和低洼地应浅栽。如雪松、广玉兰等忌水湿树种，常露球种植，露球高度为土球竖径的 1/4 ～ 1/3。

②包扎材料的处理。草绳或稻草之类易腐烂的土球包扎材料，如果用量较稀少，入穴后不一定要解除；如果用量较多，可在树木定位后剪除一部分，以免其腐烂发热，影响树木根系生长。

③定植方向。主干较高的大树木定植时，栽植时应保持原来的生长方向。如果原来树干朝南的一面栽植朝北，冬季树皮易冻裂，夏季易日灼。另外应把观赏价值高的一面朝向主要观赏方向，即将树冠丰满完好的一面，朝向主要的观赏方向，如入口处或主行道。若树冠高低不匀，应将低冠面朝向主面，高冠面置于后向，使之有层次感。在行道树等规则式种植时，如树木高矮参差不齐、冠径大小不一，应预先排列种植顺序，形成一定的韵律或节奏，以提高观赏效果。如树木主干弯曲，应将弯曲面与行列方向一致，以作掩饰。对人员集散较多的广场、人行道，树木种植后，种植池应铺设透气护栅。

④种植。定植时首先将混好肥料的表土，取其一半填入坑中，培成丘状。裸根树木放入坑内时，务必使根系均匀分布在坑底的土丘上，校正位置，使根颈部高于地面 5 ～ 10cm。珍贵树种或根系欠完整树木、干旱地区或干旱季节，种植裸根树木等应采取根部喷布生根激素、增加浇水次数及施用保水剂等措施。针叶树可在树冠喷布聚乙烯树脂等抗蒸腾剂。对排水不良的种植穴，可在穴底铺 10 ～ 15cm 沙砾或铺设渗水管、盲沟，以利排水。竹类定植，填土分层压实时，靠近鞭芽处应轻压；栽种时不能摇动竹竿，以免竹蒂受伤脱落；栽植穴应用土填满，以防根部积水引起竹鞭腐烂；最后覆一层细土或铺草以减少水分蒸发；母竹断梢口用薄膜包裹，防止积水腐烂。

其后将另一半掺肥表土分层填入坑内，每填20 ～ 30cm 土踏实一次，并同时将树体稍稍上下提动，保证根系与土壤紧密接触。最后将心土填入植穴，直至填土略高于地表面。

带土球树木必须踏实穴底土层，而后置入种植穴，填土踏实。在假山或岩缝间种植，应在种植土中掺入苔藓、泥炭等保湿透气材料。绿篱成块状模纹群植时，应由中心向外顺序退植。坡式种植时应由上向下种植。大型块植或不同彩色丛植时，宜分区分块种植。

5.栽后养护管理

（1）浇水　"树木成活在于水，生长快慢在于肥。"灌水是提高树木栽植成活率的主要措施，特别在春旱少雨、蒸腾量大的北方地区尤需注重。树木定植后应在略大于种植穴直径的周围，筑成高10～15cm的灌水土堰，堰应筑实不得漏水。新植树木应在当日浇透第一遍水，以后应根据土壤墒情及时补水。黏性土壤，宜适量浇水，根系不发达树种，浇水量宜较多；肉质根系树种，浇水量宜少。秋季种植的树木，浇足水后可封穴越冬。干旱地区或遇干旱天气时，应增加浇水次数，北方地区种植后浇水不少于三遍。干热风季节，宜在上午10时前和下午15时后，对新萌芽放叶的树冠喷雾补湿，浇水时应防止因水流过急而冲裸露根系或冲毁围堰。浇水后如出现土壤沉陷、致使树木倾斜时，应及时扶正、培土。

（2）裹干　常绿乔木和干径较大的落叶乔木，定植后需进行裹干，即用草绳、蒲包、苔藓等具有一定的保湿性和保温性的材料，严密包裹主干和比较粗壮的一、二级分枝。经裹干处理后，一可避免强光直射和干风吹袭，减少干、枝的水分蒸腾；二可保存一定量的水分，使枝干经常保持湿润；三可调节枝干温度，减少夏季高温和冬季低温对枝干的伤害。目前，亦有附加塑料薄膜裹干，此法在树体休眠阶段使用效果较好，但在树体萌芽前应及时撤除。因为塑料薄膜透气性能差，不利于被包裹枝干的呼吸作用，尤其是高温季节，内部热量难以及时散发而引起的高温，会灼伤枝干、嫩芽或隐芽，对树体造成伤害。树干皮孔较大而蒸腾量显著的树种如樱花、鸡爪槭等，以及香樟、广玉兰等大多数常绿阔叶树种，定植后枝干包裹强度要大些，以提高栽植成活率。

（3）扶正树体　定植灌水后，因土壤松软沉降，树体极易发生倾斜倒伏现象，一经发现，需立即扶正。扶树时，可先将树体根部背斜一侧的填土挖开，将树体扶正后还土踏实。特别对带土球树体，切不可强推猛拉、来回晃动，以致土球松裂，影响树体成活。

（4）立支柱　栽植胸径5cm以上树木时，植后应立支架固定，以防冠动根摇，影响根系恢复生长，特别是在栽植季节有大风的地区。裸根树木栽植常采用标杆式支架，即在树干旁打一杆桩，用绳索将树干缚扎在杆桩上，缚扎位置宜在树高1/3或2/3处，支架与树干间应衬垫软物。带土球树木常采用扁担式支架，即在树木两侧各打入一杆桩，杆桩上端用一横担缚连，将树干缚扎在横担上完成固定。三角桩或井字桩的固定作用最好，且有良好的装饰效果，在人流量较大的市区绿地中多用，但注意支架不能打在土球或骨干根系上。

（5）搭架遮阴　大规格树木移植初期或高温干燥季节栽植，要搭建阴棚遮阴，以降低树冠温度，减少树体的水分蒸腾。树木成活后，视生长情况和季节变化，逐步去除遮阴物。如体量较大的乔、灌木树种，要求全冠遮阴，阴棚上方及四周与树冠保持30～50cm间距，以保证棚内有一定的空气流动空间，防止树冠日灼危害；为了让树体接受一定的散射光，保证树体光合作用的进行，遮阴度应为 70% 左右。又如成片栽植的低矮灌木，可打地桩拉网遮阴，网高距树木顶部 20cm 左右。

二、特殊立地条件下的树木栽植技术

特殊的立地环境是指具有大面积铺装表面的立地，如屋顶、盐碱地、干旱地、无土岩石地、环境污染地及容器栽植等。在城市绿地建设中经常需要在这些特殊、极端的立地条件下栽植树木。影响树木生长的主要环境因素有水分、养分、土壤、温度、光照等，特殊的立地环境条件常表现为其中一个或多个环境因子处于极端状态下，如干旱立地条件下水分极端缺少，无土岩石立地条件下基本无土或土壤极少，在这样特殊的立地环境条件必须采取一些特殊的措施才能达到成功栽植树木的效果。

（一）容器栽植技术

1.容器栽植的特点

目前在城市的商业区步行街、商场门前、停车场等城市中心区域，为了增加树量，营造绿色，通常使用各类容器来栽植树木，这些容器栽植有以下一些特点。

（1）可移动性与临时性

在自然环境不适合树木栽植或空间狭小等情况下需要临时性栽植树木，可采用容器栽植进行环境绿化布置。如在城市道路全部为铺装的条件下，采用摆放各式容器栽植树木的方法，进行生态环境补缺，特别是为了满足节假日等喜庆活动的需要，可大量使用容器栽植的观赏树木来美化街头、绿地，营造与烘托节日的氛围。

（2）树种选择丰富性

容器栽植的树木种类选择较自然立地条件下栽植的要多，因为容器栽植可采用保护地设施培育，受气候或地理环境的限制较小，尤其在北方，在春、夏、秋三季将原本不能露地栽植的热带、亚热带树种可利用容器栽植技术呈现室外，丰富了观赏树木的应用范畴。

（3）容器种类多样性

树木栽植的容器材质各异、种类多样，常用的有陶盆、瓷盆、木盆、塑料盆、玻璃纤维强化灰泥盆等。另外，在铺装地面上砌制的各种栽植槽，有砖砌、混凝土浇筑、钢制等，也可理解为容器栽植的一种特殊类型，不过它固定于地面，不能移动。

2.容器栽植树种选择

容器栽植特别适合于生长缓慢、浅根性、耐旱性强的树种。乔木类常用的有桧柏、五针松、银杏、柳杉等；灌木的选择范围较大，常用的有罗汉松、花柏、刺柏、杜鹃、山茶、桂花、槛木、月季、八仙花、红瑞木、珍珠梅、紫薇、榆叶梅、栀子等；地被树种在土层浅薄的容器中也可以生长，如铺地柏、平枝枸子、八角金盘、菲白竹等。

3.容器栽植技术

（1）栽植基质的选择

①有机基质。常见的有木屑、稻壳、泥炭、草炭、椰糠、腐熟堆肥等。

木屑：成本低、质轻，便于使用，但松柏类锯末富含油脂，不宜使用；侧柏类锯末含有毒素物质，更要忌用。木屑以中等细度或加适量比例的刨花细锯末混合使用效果较好，水分扩散均匀。在粉碎的木屑中加入氮肥，经过腐熟后使用效果更佳。

泥炭：由半分解的水生、沼泽地的植被组成。泥炭一般质地疏松，比重小，吸水性强，富含有机质和腐殖酸。因其来源、分解状况及矿物含量、pH值的不同，又分为泥炭藓、芦苇苔草、泥炭腐殖质三种。其中泥炭藓持水量高于本身干重的10倍，pH3.8 ~ 4.5，并含有氮（1% ~ 2%），适于作基质使用。

草炭：取自草地或牧场上层5 ~ 8cm厚的草及草根土，腐熟1年即可以使用。堆积越长，养分含量越高；pH6.0 ~ 8.0。

椰糠：黑褐色，也称椰壳纤维，是椰壳的粉碎物。含有Na、Cl、P、K多种养分；多孔，持水好；产地不同pH值也有变化，pH在5.5 ~ 6.5；保肥性差；可以改善通气性。

②无机基质。常用的有珍珠岩、蛭石、沸石等。

蛭石：蛭石为云母类矿石加热至745 ~ 1000℃膨胀形成孔多的海绵状小片，无毒无异味，易被挤压变形；呈中性反应，具有良好的缓冲性能；持水力强，透气性差。适于栽培茶花、杜鹃等喜湿树种。

珍珠岩：珍珠岩是火山岩的铝硅化合物加热到870 ~ 2000℃：形成的海绵状小颗粒，容重80 ~ 130kg/m³，pH值5 ~ 7，无缓冲作用，也没有阳离子交换性，不含矿质养分；颗粒结构坚固，不会被挤压变形；没有养分、无菌；pH6.5 ~ 8.0；保水性不如蛭石，通气性好。主要用于无土栽培基质，一般不单独使用。

（2）栽植先用瓦片或纱网盖住盆底排水孔，填入粗培养土2 ~ 3cm，再加入一层培养土，放入植株，再向根的四周填加培养土，把根系全部埋住后，轻提植株使根系舒展，并轻压根系四周培养土，使根系与土壤密接，然后继续加培养土，至容器口2 ~ 3cm处。上完盆后应立即浇透水，需浇2 ~ 3遍，直至排水孔有水排出，放在庇荫处4 ~ 5天后，逐渐见光，以利缓苗，缓苗后可正常养护。

（3）容器栽植的管理

浇水：浇水是容器栽植养护技术的关键。水分管理一般采用浇灌、喷灌、滴灌的方法，以滴灌设施最为经济、科学，并可实现计算机控制、自动管理。

施肥：容器栽植中的基质及所含的养分均极有限，无法满足树体生长的需要，必须施肥。方法是：将肥料溶于水中，浇灌树木。此外，也可采用叶面施肥。

修剪：合理修剪可控制竞争枝、直立枝、徒长枝生长，从而控制树形和体量，保持一定的根冠比例，并可控制新梢的生长方向和长势，均衡树势。

（二）铺装地面树木栽培技术

1. 铺装地面的环境特点

（1）树盘土壤表面积小

在有铺装的地面进行树木栽植，大多情况下种植穴的表面积都比较小，一般仅有 1～2m²，有的覆盖材料甚至一直铺到树干基部，树盘范围内的土壤表面积极少，土壤与外界的交流受较大制约。

（2）生长环境条件恶劣

栽植在铺装地面上的树木，其生境比一般立地条件下要恶劣得多，由于根际土壤被压实、透气性差，导致土壤水分、营养物质与外界的交换受阻，同时受到强烈的地面热量辐射和水分蒸发的影响。研究表明，夏季中午的铺装地表温度可高达50℃以上，不但土壤微生物被致死，树干基部也可能受到高温的伤害。近年来我国许多城市还采用大理石进行大面积铺装，更加重了地表高温对树木生长带来的危害。

（3）易受人为伤害由于铺装地面大多为人群活动密集的区域，树木生长容易受到人为的干扰和难以避免的损伤，如刻伤树皮、钉挂杂物，在树干基部堆放有害、有碍物质，以及市政施工时对树体造成的各类机械性伤害。

2. 铺装地面植树种选择

由于铺装立地的环境条件恶劣，树种选择应根系发达，具有耐干旱、耐贫瘠的特性；树体能耐高温与阳光暴晒，不易发生灼伤。

3. 铺装地面树种栽培技术

（1）更换栽植穴的土壤

适当更换栽植穴的土壤，改善土壤的通透性和土壤肥力，更换土壤的深度为 50～100cm。

（2）树盘处理

保证栽植在铺装地面的树木有一定的根系土壤体积。据调查资料显示，在有铺装地面栽植的树木，根系至少应有 3m³ 的土壤，且增加树木基部的土壤表面积要比增加栽植深度更为有利。铺装地面切忌一直伸展到树干基部，否则随着树木的加粗生长，不仅地面铺装材料会嵌入树干体内，树木根系的生长也会抬升地面，造成地面破裂不平。

为了景观效果，起到保墒、减少扬尘的作用，树盘地面可栽植花草、覆盖树皮、木片、碎石等；也可采用两半的铁盖、水泥板覆盖，但其表面必须有通气孔，盖板最好不直接接触土表；如是水泥、沥青等表面没有缝隙的整体铺装地面，应在树盘内设置通气管道以改善土壤的通气性。通气管道安置在种植穴的四角，一般采用 PVC 管，直径 10～12cm，管长 60～100cm，管壁钻孔。

（三）干旱地树木栽培技术

1. 干旱地的环境特点

干旱的立地环境因水分缺少构成对树木生长的胁迫，同时干旱可使土壤环境发生变化。

（1）土壤发生次生盐渍化

当表层土壤干燥时，地下水通过毛细管的上升运动到达土表，补充因蒸发而损失的水分，同时，盐碱伴随着毛管水上升，并在地表积聚，盐分含量在地表或土层某一特定部位的增高，导致土壤次生盐渍化发生。

（2）土壤生物种类少干旱条件导致土壤生物种类如细菌、线虫、蚁类、蚯蚓等数量减少，生物酶的分泌也随之减少，阻碍了土壤有机质的分解，从而影响树体养分的吸收。

（3）土壤温度较高干旱造成土壤热容量减小，温差变幅加大。同时，因土壤的潜热交换减少，土壤温度升高，这些都不利于树木根系的生长。

2. 干旱地种植树种选择

在干旱地土质贫瘠，尤其在公路两侧及迎面山区绿化难度大，可选择抗旱性强树种。如落叶阔叶乔木树种可选择新疆杨、新疆白榆、黄柳、垂柳、小叶杨、国槐、龙爪槐、龙爪柳等，花灌木树种应优先选择华北紫丁香、黄刺玫、紫穗槐、沙枣、柽柳、枸杞、华北珍珠梅等，常绿针叶树种为圆柏、云杉、樟子松、杜松、油松、侧柏等。

3. 干旱地树种栽培技术

（1）栽植时间干旱地的树木栽植应以春季为主，一般在3月中旬至4月下旬，此期土壤比较湿润，土壤的水分蒸发和树体的蒸腾作用也比较低，树木根系再生能力旺盛，愈合发根快，种植后有利于树木的成活生长。但在春旱严重的地区，宜在雨季栽植。

（2）栽植技术

①泥浆堆土。泥浆能增强水和土的亲和力，减少重力水的损失，可较长时间保持根系的土壤水分。堆土可减少树穴土壤水分的蒸发，减小树干在空气中的暴露面积，降低树干的水分蒸腾。具体做法是：将表土回填树穴后，浇水搅拌成泥浆，再挖坑种植，并使根系舒展；然后用泥浆培稳树木，以树干为中心培出半径为50cm、高50cm的土堆。

②埋设保水剂。常用的保水剂聚合物是颗粒状的聚丙烯酰胺和聚丙烯醇物质，能吸收自重100倍以上的水分，具极好的保水作用。高吸收性树脂聚合物为淡黄色粉末，不溶于水，吸水膨胀后成无色透明凝胶，可将其与土壤按一定比例混合拌和使用；也可将其与水配成凝胶后，灌入土壤使用，有助于提高土壤保水能力。具体做法：在干旱地栽植时，将其埋于树木根部，能较持久地释放所吸收的水分供树木生长。

③开集水沟。旱地栽植树木，可在地面挖集水沟蓄积雨水，有助于缓解旱情。

④容器隔离。采用容器如塑料袋（10～300L）将树体与干旱的立地环境隔离，创造适合树木生长的小环境。袋中填入腐殖土、肥料、珍珠岩，再加上能大量吸收和保存水分的聚合物，与水搅拌后成冻胶状，可供根系吸收3～5个月。若能使用可降解塑料制品，

则对树木生长更为有利。

（四）盐碱地树木栽培技术

1.盐碱地的环境特点

盐碱土是地球上分布广泛的一种土壤类型，约占陆地总面积的25%。我国从滨海到内陆，从低地到高原都有分布。土壤中的盐分主要为 Na^+ 和 Cl^-。在微酸性全中性条件下，Cl^- 为土壤吸附；当土壤 pH > 7 时，吸附可以忽略，因此 Cl^- 在盐碱土中的移动性较大。Cl^- 和 Na^+ 为强淋溶元素，在土壤中的主要移动方式是扩散与淋失，二者都与水分有密切关系。在雨季，降水大于蒸发，土壤呈现淋溶脱盐特征，盐分顺着雨水由地表向土壤深层转移，也有部分盐分被地表径流带走；而在旱季，降水小于蒸发，底层土壤的盐分循毛细管移至地表，表现为积盐过程。在荒裸的土地上，土壤表面水分蒸发量大，土壤盐分剖面变化幅度大，土壤积盐速度快，因此要尽量防止土壤的裸露，尤其在干旱季节，土壤里覆盖有助于防止盐化发生。沿海城市中的盐碱土主要是滨海盐土，成土母质为沙黏不定的滨海沉积物，不仅土壤表层积盐重，达到 1% ~ 3%，在 1m 土层中平均含盐量也达到 0.5% ~ 2%，盐分组成与海水一致，以氯化物占绝对优势。

2.盐碱地种植树种选择

（1）盐碱地种植树种的特性

耐盐树种具有适应盐碱生态环境的形态和生理特性，能在其他树种不能生长的盐渍土中正常生长。这类树种一般体小质硬，叶片小而少，蒸腾面积小；叶面气孔下陷，表皮细胞外壁厚，常附生绒毛，可减少水分蒸腾；叶肉中栅栏组织发达，细胞间隙小，有利于提高光合作用的效率。

（2）常见的主要耐盐树种

一般树木的耐盐力为 0.1% ~ 0.2%，耐盐力较强的树种为 0.4% ~ 0.5%，强耐盐力的树种可达 0.6% ~ 1.0%。可用于滨海盐碱地栽植的树种主要有：

黑松：是唯一能在盐碱地用作园林绿化的松类树种，能抗含盐海风和海雾，特别适于在海拔 600m 以上的山地栽植。

胡杨：能在含盐量 1% 的盐碱地生长，是荒漠盐土上的主要绿化树种。

火炬树：是盐碱地栽植的主要园林树种，适于林缘生长，浅根且萌根力强。

白蜡：在含盐量 0.2% ~ 0.3% 的盐土生长良好，具耐水湿能力强，是极好的滩涂盐碱地栽植树种，其根系发达，萌蘖性强，木质优良，叶色秋黄。

合欢：根系发达，对硫酸盐的抗性强，耐盐量可达 1.5% 以上，适宜在含盐量 0.5% 的轻盐碱土栽植。其花浓香，果可食用或加工，木材坚韧，被誉为耐盐碱栽植的宝树。但耐氯化盐能力弱，超过 0.4% 则不适生长。

苦楝：是盐渍土地区不可多得的耐盐、耐湿树种，一年生苗可在含盐量 0.6% 的盐渍土生长。

紫穗槐：能在含盐量为 1% 的盐碱地生长，且生长迅速，为盐碱地绿化的先锋树种。

沙枣：适宜在含盐量 0.6% 的盐碱土栽植，在含盐量不超过 1.5% 以上的土壤还能生长。

北美圆柏，能在含盐 0.3% ～ 0.5% 的土壤中生长。

另外如国槐、柽柳、垂柳、刺槐、侧柏、龙柏等都具有一定的耐盐能力，单叶蔓荆、枸杞、小叶女贞、石榴、月季、木槿等均是耐盐碱土栽植的优良树种。

3. 盐城地树种栽培技术

（1）栽植季节

土壤中的盐碱成分因季节而有变化，春季干旱、风大，土壤返盐重，而秋季土壤经夏季雨淋盐分下移，部分盐分被排出土体，定植后，树木经秋、冬缓苗易成活。因此，在盐碱地树木栽植的最适季节为秋、冬季。

（2）施用土壤改良剂

施用土壤改良剂可达到直接在盐碱土栽植树木的目的。如施用石膏可中和土壤中的碱，适用于小面积盐碱地改良，施用量为 3 ～ 4t/hm^2。

（3）防盐碱隔离层

对盐碱度高的土壤，可采用此法来控制地下水位上升，阻止地表土壤返盐，在栽植区形成相对的局部少盐或无盐环境。具体方法为：在地表挖 1.2m 左右的坑，将坑的四周用塑料薄膜封闭，在坑底部铺厚约 20cm 的石渣或炉渣，在石渣上铺 10cm 草肥，形成隔离盐碱环境、适合树木生长的小环境。试验表明，采用此法树木成活率达到 85% 以上。

（4）埋设渗水管

铺设渗水管可控制高矿化度的地下水位上升，防止土壤急剧返盐。采用渣石、水泥制成内径 20cm、长 100cm 的渗水管，埋设在距树体 30 ～ 100cm 处，设有一定坡降并高于排水沟，距树体 5 ～ 10m 处建一收水井，集中收水外排。采用此法栽植白蜡、垂柳、国槐、合欢等，树体生长良好。

（5）暗管排水

暗管排水的深度和间距可以不受土地利用率的制约，有效排水深度稳定，适用于重盐碱地区。单层暗管埋深 2m，间距 50cm；双层暗管第一层埋深 0.6m，第二层埋深 1.5m，上下两层在空间上形成交错布置，在上层与下层交会处垂直插入管道，使上层的积水由下层排出，下层管排水流入集水管。

（6）抬高地面

在盐碱地段，换土并抬高地面约 20cm，然后再栽植植物。研究表明，采用此法栽种油松、侧柏、龙爪槐、合欢、碧桃、红叶李等树种，成活率达到 72% ～ 88%。

（7）生物技术改土

主要指通过合理的换茬种植的方法，减少土壤的含盐量。如对滨海盐渍土，采用种稻洗盐、种耐盐绿肥翻压改土的措施，1 ～ 2 年后，降低土壤含盐量 40% ～ 50%。

（8）施用盐碱改良肥

盐碱改良肥是一种有机—无机型特种园艺肥料，pH 值 5.0。盐碱改良肥内含钠离子吸附剂、多种酸化物及有机酸，此法是利用酸碱中和、盐类转化、置换吸附原理，既能降低土壤 pH 值，又能改良土壤结构，提高土壤肥力，可有效用于各类盐碱土改良。

（五）无土裸岩树木栽培技术

1. 无土裸岩的立地环境特点

无土裸岩是在山地上建宅、筑路、架桥后对原立地改造形成的人工坡面，或是采矿后破坏表层土壤而裸露出的未风化岩石，因各种自然或人为因素导致滑坡而形成的无土岩地，以及人造的岩石园、园林叠石假山等，大多缺乏树木生存所需的土壤或土层十分浅薄，自然植被很少，是环境绿化中的特殊立地。

主要生境特点是：无土裸岩很难能固定树木的根系，缺少树木正常生长需要的水分和养分，树木生存环境恶劣。因为岩石具发育的节理，常年风化造成的裂缝或龟裂，可积聚少许土壤与蓄存一定量的水分；风化程度高的岩石，表面形成的风化层或龟裂部分，可使树木有可能扎根生长。若岩石表面风化为保水性差的岩屑，在岩屑上铺上少量客土后，也能使某些树木维持生长。

2. 无土裸岩树种选择

无土裸岩地缺土少水，树种选择应选能在此环境中生长的树木，并在形态与生理上都发生一系列与此环境相适应的明显变化特点。

①树体生长缓慢，株形矮小，呈团丛状或垫状，生命周期长，耐贫瘠土质、抗性强，在高山峭壁上生长的岩生类型。

②植株含水量少或在丧失 1/2 含水量时仍不会死亡；叶面小，多退化成鳞片状、针状，或叶边缘向背面卷曲；叶表面的蜡质层厚、有角质，气孔主要分布的叶背面有绒毛覆盖，水分蒸腾小。

③根系发达，有时延伸达数十米，可穿透岩石的裂缝伸入下层土壤吸收营养和水分。有的根系能分泌有机酸分化岩石，或能吸收空气中的水分。

常见的植物种类有黄山松、紫穗槐、胡颓子、忍冬、杜鹃等。

3. 无土裸岩树种栽培技术

（1）客土改良

客土改良是在无土岩石地栽植树木的最基本做法。具体方法是：岩石缝隙多的，可在缝隙中填入客土；整体坚硬的岩石，可局部打碎后再填入客土。

（2）斯特比拉纸浆喷布斯特比拉是一种专用纸浆，将种子、泥土、肥料、黏合剂、水放在纸浆内搅拌，通过高压泵喷洒在岩石地上。由于纸浆中的纤维相互交错，形成密布孔隙，这种形如布格状的覆盖物有较强的保温、保水、固定种子的作用，尤适于无土岩山地的荒山绿化。

（3）水泥基质喷射在铁路、公路、堤坝等工程建设中，经常要开挖大量边坡，从而破坏了原有植被覆盖层，形成大量的次生裸地，可采用水泥基质喷射技术辅助绿化。此法可大大减弱岩石的风化及雨水冲蚀，降低岩石边坡的不稳定性，在很大程度上改善了因工程施工所破坏的生态环境，景观效果较好，但一般只适用于小灌木或地被树种栽植。

水泥基质是由固体、液体和气体三相物质组成的具有一定强度的多孔人工材料。固体物质包括粗细不等的土壤矿质颗粒、胶结材料（低碱性水泥和河沙）、肥料和有机质以及其他混合物。基质中加入稻草秸秆等成孔材料，使固体物质之间形成形状和大小不等的空隙，空隙中充满水分和空气。基质铺设的厚度为 3～10cm，基质与岩石间的结合，可借助由抗拉强度高的尼龙高分子材料等编织而成的网布。

施工前首先开挖、清理并平整岩石边坡的坡面，钻孔、清理并打入锚杆，挂网后喷射拌和种子的水泥基质，萌发后转入正常养护。

（六）屋顶花园树木栽培技术

1. 屋顶花园的作用

构筑屋顶花园已有很久的历史，国外的一些城市甚至在屋顶营造乔木树林，主要目的是为了充分利用空间，尽量在"水泥森林"的城市建筑中增加绿色与绿化量。在我国，许多现代化城市，特别是大城市，屋顶花园的营造已十分普遍。屋顶花园是营造在建筑物顶层的绿化形式，它诸多方在起着重要作用。

（1）改善城市生态环境城市屋顶绿化后可充分利用空间，增加城市绿化量、降低"热岛"效应、增加空气湿度降低噪声等改善城市生态环境。

（2）丰富城市景观屋顶花园的存在柔化了生硬的建筑物外形轮廓，使屋顶花园与城市建筑融为一体，即升华为一种意境美；植物的季相美更赋予建筑物动态的时空变化，并丰富了城市风貌。

（3）改善建筑物顶层的物理性能屋顶花园构成屋面的隔离层，夏天可使屋面免受阳光直接暴晒、烘烤，显著降低其温度；冬季可发挥较好的隔热层作用，降低屋面热量的散失，由此节省顶层室内降温与采暖的能源消耗；使屋面不直接受阳光的直射，延长了各种密封材料的老化时间，增加了屋面的使用寿命。

（4）保证人们的身心健康在当今经济高度发展，竞争激烈的社会，城市高楼林立，多数人生活在和工作在城市高空，面对灰色混凝土和各类墙面，人们的工作效率和生活质量受到不利影响。有研究表明，只有当绿色达到25%时，人才会心情舒畅，精神愉悦，因此，屋顶花园能给高层居住人群提供绿色的园林美景的享受，保证人们的身心健康。

2. 屋顶花园的环境特点

屋顶花园较露地环境相比其面积狭小，形状较规划，竖向地形变化小，而且屋顶花园完全是在人工化的环境中栽植树木，其种植土完全是人工合成堆积，不与大地土壤相连，采用客土、人工灌溉系统为树木提供必要的生长条件。在屋顶营造花园由于受到载荷的限制，不可能有很深的土壤。因此，屋顶花园的环境特点主要表现在土层薄、营养物质少、缺少水分；同时屋顶风大，阳光直射强烈，夏季温度较高，冬季寒冷，昼夜温差变化大。

3.屋顶花园树种选择

屋顶花园的特殊生境对树种的选择有严格的限制，要根据不同类型的屋顶花园及屋面具体生态因子来选择绿化植物。

无论哪一种屋顶花园，树种栽植时要注意搭配，特别是群落式屋顶花园，由于屋顶载荷的限制，乔木特别是大乔木数量不能太多；小乔木和灌木树种的选择范围较大，搭配时注意树木的色彩、姿态和季相变化；藤本类以观花、观果、常绿树种为主。常用的乔木有罗汉松、黑松、龙爪槐、紫薇、女贞、棕榈等；灌木有红叶李、桂花、山茶、栀子花、紫荆、含笑等；藤本有紫藤、蔷薇、地锦、爬山虎、常春藤、络石等；地被有菲白竹、箬竹、黄馨、马蔺、铺地柏等。

4.屋顶花园树种栽培技术

（1）排水系统的安装

①架空式种植床。在离屋面10cm处设混凝土板、塑料排水板、橡胶排水板等，在其上承载种植土层，排水板需有排水孔，排水可充分利用原来的排水层，顺着屋面坡度排出，绿化效果欠佳。

②直铺式种植。在屋面板上直接铺设排水层和种植土层，排水层可由碎石、粗砂或人工烧制陶粒组成，其厚度应能形成足够的水位差，使土层中过多的水能流向屋面排水口。屋面花坛设有独立的排水孔，并与整个排水系统相连。日常养护时，注意及时清除杂物、落叶，特别要防止总排水管堵塞。

（2）防水处理

一般来说，屋面防水层有三种常用的形式，它们各有优缺点。

①刚性防水层。是以防水砂浆抹面或密实混凝土浇捣而成的刚性材料屋面防水层，其特点是造价低、施工方便，但怕震动，耐水、耐热性差，暴晒后易开裂。

②柔性防水层。柔性防水层是将柔性的防水卷材或片材如油、毡等防水材料分层粘贴而成，形成一个大面积的封闭防水覆盖层。现在应用最多的是改性沥青卷材。其特点是：柔软度较好，特别适于用寒冷地区，南方地区多用APP改性沥青卷材耐热度较高。

③涂膜防水层。涂膜防水层用聚氨酯等油性化工涂料涂刷成一定厚度的防水膜耐形成的防水层。缺点是在高温下易老化。

（3）防腐处理

为防止灌溉水肥对防水层可能产生的腐蚀作用，需作技术处理，提高屋面的防水性能，主要的方法有：①先铺一层防水层，防水层由两层玻璃布和五层氯丁防水胶（二布五胶）组成，然后在防水层上面铺设4cm厚的细石混凝土，内配钢筋；②在原防水层上加抹一层厚约2cm的火山灰硅酸盐水泥砂浆；③用水泥砂浆平整修补屋面，再敷设硅橡胶防水涂膜，适用于大面积屋顶防水处理。

（4）灌溉系统设置

屋顶花园种植，灌溉系统的设置必不可少，如采用水管灌溉，一般100m²设一个。若建植有草坪或较矮花草的屋顶花园，最好采用喷灌或滴灌形式补充水分，安全而便捷。

（5）基质要求

①屋顶花园树木栽植的基质应具备的条件。质轻，能提供水分、养分供植物生长需要，通气性好、绝热和膨胀系等理化指标安全可靠、pH值为6.8～7.5。常用基质有田园土、泥炭、草碳、木屑等。

②配植比例。屋顶花园的基质荷重应根据湿堆密度进行核算，不要超过1300kg/m²。可在建筑荷载和基质荷载允许范围内，根据实际情况配制。

（6）屋顶花园树木栽植

在进行屋顶花园树木栽植时，注意植物种植应由大到小、由里到外逐步进行。高性能设计中配植的中、小乔木，灌木栽植点应在承重柱上。移栽植物的根系一定要带土球，土球尽量大并包扎完好。

栽植时做好植物固定工作，尤其是在风力比较大的地方，方法有：一是铁丝网固定，铁丝网固定在树木之下，并且至少有3根绳子相连。一棵5m高的树木要固定在至少10m²的铁丝网上，土层至少30cm，相当于3.9t的土壤；二是地上或地下支撑固定法。种植后，浇足定根水，并遮阳保护。

（七）垂直绿化植物的栽培技术

1. 垂直绿化概念

垂直绿化是利用藤本植物的攀援性来装饰建筑物的屋顶、墙面、篱笆、围墙、园门、亭廊、棚架、灯柱、树干、桥涵、驳岸等垂直立面的一种绿化形式。垂直绿化中的藤本植物多数具姿态优美、花果艳丽、叶形奇特、叶色秀丽等观赏价值，通过人工配置，在垂直立面上形成很好的景观，在美化环境中具有非常重要的作用，其表现在可有效增加城市绿地率和绿化覆盖率，减少炎热夏季的太阳辐射影响，有效改善城市生态环境，提高城市人居环境质量。

2. 垂直绿化的类型

（1）棚架绿化

棚架绿化在园林中应用较早也是较广泛的一种垂直绿化形式。利用观赏价值较高的垂直绿化植物在廊架上形成的绿色空间，为游人提供了遮阴纳凉的场所，又成为城市园林中独特的景点。在园林应用中目前有两种类型。

①以经济效益为主、以美化和生态效益为辅的棚架绿化。此类在城市居民的庭院之中应用广泛，深受居民喜爱；主要是选用经济价值高的藤本植物攀附在棚架上，如葡萄、猕猴桃、五味子、金银花等。既可遮阴纳凉、美化环境，同时也兼顾了经济利益。

②以美化环境为主、以园林构筑物形式出现的廊架绿化。此类廊架绿化形式极为丰富，有花架、花廊、亭架、墙架、门廊、廊架组合体等，其中以廊架形式为主要对象之一。常用于廊架绿化的藤本主要有紫藤、木香、金银花、藤本月季、凌霄、铁线莲、叶子花等。

（2）墙面绿化

是指在各类建筑物墙面表面的垂直绿化，主要是利用吸附类的攀缘植物直接攀附墙面，这是常见、经济、实用的墙面绿化方式，在城市垂直绿化面积中占有很大的比例。

①墙面绿化的作用。可极大地丰富墙面景观。增加墙面的自然气息，对建筑外表具有良好的装饰作用；在炎热的夏季，墙体垂直绿化，可有效阻止太阳辐射、降低居室内的空气温度，具有良好的生态效益。

②墙面绿化的植物选择。由于不同植物的吸附能力有很大的差异，选择时要根据各种墙面的质地来确定。粗糙的墙面对植物攀附有利，如水泥砂浆、清水墙、马赛克、水刷石、块石、条石等墙面，在这类墙面多数吸附类攀援植物均能攀附，可选择凌霄、美国凌霄、爬山虎、美国爬山虎、扶芳藤、络石、薜荔、常春藤、洋常春藤等。光滑的墙面如石灰粉墙，其墙面由于石灰的附着力弱，常会造成整个墙面垂直绿化植物的坍塌，故宜选择爬山虎、络石等较轻的植物种类，或可在石灰墙的墙面上安装网状或者条状支架后可选择多种吸附类攀缘植物。

（3）篱垣绿化

篱垣绿化是利用藤本植物缠绕、吸附或人工辅助攀缘在栅栏、铁丝网、花格围墙上，繁花满篱、枝繁叶茂，使篱垣因植物的覆盖而显和谐，具有美化环境、防护等功能。常用的有藤本月季、云实、金银花、扶芳藤、凌霄等。

（4）园门造景

是指在城市园林和庭院中各式各样的园门，利用藤木攀援其缠绕性、吸附性或人工辅助攀附在门廊上，可明显增加园门的观赏效果，别具情趣。适于园门造景的藤本有叶子花、木香、紫藤、木通、凌霄、金银花、金樱子、藤本月季等。园门造景的藤木可进行人工造型，让其枝条自然悬垂，显花藤木，盛花期繁花似锦，园门自然情趣更为浓厚。如果用爬山虎、络石等观叶藤本，则可使门廊浓阴匝顶。

（5）岸、坡、山石驳岸的垂直绿化

①驳岸垂直绿化。可选择两种形式进行，一是绿化材料在岸脚种植带吸盘或气生根的爬山虎、常春藤、络石等。二是在岸顶种植垂悬类的紫藤、蔷薇类、迎春、迎夏、花叶蔓。

②陡坡垂直绿化。采用藤本植物覆盖，一方面遮盖裸露地表，美化坡地，起到绿化、美化的作用；另一方面可防止水土流失，又具有固土之功效。植物选择可选用爬山虎、葛藤、常春藤、藤本月季、薜荔、扶芳藤、迎春、迎夏、络石等。

③山石驳岸的垂直绿化。山石是现代园林中最富野趣的景点材料，若在山石上覆盖藤本植物，藤本植物的攀附可使之与周围环境很好的协调过渡，但在种植时要注意不能覆盖过多，以若隐若现为佳。常用覆盖山石的藤木有爬山虎、常春藤、扶芳藤、络石、薜荔等。

（6）树干、电杆、灯柱等柱干绿化

树干、电杆、灯柱等柱干可利用攀缘具有吸附根、吸盘或缠绕茎的藤木，形成绿柱、花柱等。如金银花缠绕柱干，扶摇而上；爬山虎、络石、常春藤、薜荔等攀附干体，颇富林中野趣。但在电杆、灯柱上应用时要注意控制植株长势、适时修剪，避免影响供电、通信等设施的功能。

（7）城市桥梁、高架、立交的绿化

一些具吸盘或吸附根的攀缘植物如，爬山虎、络石、常春藤、凌霄等用于城市桥梁、高架、立交的绿化。爬山虎、络石等攀缘植物用于小型拱桥、石墩桥的桥墩和桥侧面的绿化，涵盖于桥洞上方，绿叶相掩，倒影成景。

（8）室内垂直绿化

室内垂直绿化是指在宾馆、公寓、商用楼、购物中心和住宅等室内的垂直绿化，具有使室内空间环境更加赏心悦目，达到调节紧张、消除疲劳的目的，有利于增进人体健康的作用；还可保持室内空气湿度、增加室内负离子、杀灭细菌、净化空气中的一氧化碳等有毒气体；垂直绿化还可有效分隔空间，美化建筑物内部的庭柱等构件，使室内空间由于绿化而充满生气和活力。室内垂直绿化的基本形式有攀缘和吊挂，如常春藤（包括其观叶品种）、络石、花叶蔓、热带观叶类型的绿蔓、红宝石等。

3.垂直绿化植物选择

垂直绿化植物应具备的条件是：花繁色艳、果实累累、可食用或有其他经济价值；有卷须、吸盘、吸附根，可攀缘生长，对建筑物无损坏；耐寒、耐旱、易栽培、管理方便。垂直绿化植物选择有以下几方面。

（1）缠绕类

指依靠自己的主茎或叶轴缠绕它物向上生长的一类藤本植物，如紫藤、金银花、木通、南蛇藤、铁线莲等。

（2）吸附类

指依靠茎上的不定根或吸盘吸附它物攀缘生长的一类藤本植物，如爬山虎、凌霄、薜荔、常春藤、胶东卫矛等。

（3）卷须类

指由枝、叶、托叶的先端变态特化而成的卷须攀缘生长的一类藤本植物，如葡萄、五叶地锦等。

（4）蔓生类

指不具有缠绕特性，也无卷须、吸盘、吸附根等特化器官，茎长而细软，披散下垂的一类藤本植物，如迎春、迎夏、枸杞、木香等。

（5）钩刺类

指利润枝蔓体表向下弯曲的镰刀状枝刺或皮刺，钩附在他物向上攀援的藤本植物，如藤本月季、悬钩子、云实等。

4. 垂直绿化栽培技术

（1）选苗

在绿化设计中应根据垂直立面的性质和成景的速度，科学合理地选择一定规格的苗木。例如，爬山虎类植物一年生扦插苗即可用于定植，这是由于垂直绿化植物大多都生长较快。因此，用苗规格不一定要太大。另外，用于棚架绿化的苗木宜选大苗，以便于牵引。

（2）挖穴

穴的规格因植物种类和地区而异。一般而言，穴径一般应比根幅或土球大20～30cm，垂直绿化植物绝大多数为深根性，因此穴应略深些，穴深与穴径相等或略深。蔓生类型的穴深为45～60cm，一般类型的穴深为50～70cm，其中植株高大且结合果实生产的为80～100cm。如果穴的下层为黏实土，应添加枯枝落叶或腐叶土，有利于透气；如地下水位高的，穴内应添加沙层，以利于滤水。如在建筑区遇有灰渣多的地段，还应适当加大穴径和深度，并客土栽植。

（3）栽植苗修剪

垂直绿化植物根系发达，枝蔓覆盖面积大且茎蔓较细，起苗时容易损伤较多根系，为了避免栽植后植株水分代谢不易平衡而造成死亡，应进行适当修剪。一是对于常绿类型以疏剪为主，适当短截，栽植时视根系损伤情况再行复剪。二是对栽植苗进行适当重剪，如苗龄不大的落叶类型，留3～5个芽，对主蔓重剪；苗龄较大的植株，主、侧蔓均留数芽重剪，并视情疏剪。

（4）起苗与包装

落叶垂直绿化植物种类多采用裸根起苗。如苗龄不大的植株，直接用花铲起苗即可；植株较大的蔓性种类或呈灌木状苗体，应先找好冠，在冠幅的1/3处挖掘；若自然冠幅大小难以确定，在干蔓正上方的，可以冠较密处为准的1/3处或凭经验起苗。具直根性和肉质根的落叶树种及常绿类型苗木，应带土球移植，沙壤地质的土球，小于50cm的以浸湿蒲包包装为好；如果是黏土球，用稻草包扎。

（5）假植与运输

起出待运的苗木植株应就地假植。裸根苗木在半天内的运输，需遮盖保湿、运程为1～7天的根系应先蘸泥浆，再用草袋包装装运，有条件时可加入适量湿苔等，途中最好能经常给苗株喷水，运抵后若发现根系较干，应先浸水（不超过24h为宜），未能及时种植的可用湿润土假植。

（6）定植

栽植方法和一般的园林树木一样（吸附类作垂直立面或作地被的垂直绿化植物除外），即要做到"三埋二踩一提苗"。栽后一定要尽早浇透定根水，之后浇水要看具体情况：若在干旱季节栽植，应每隔3～4天浇1遍水，连续3次；在多雨地区，栽后浇1次水即可，等土壤稍干后把堰土培于根际，呈内高四周稍低状以防积水。在干旱地区，可于雨季前铲除土堰，将土培于穴内。秋季栽植的，入冬后将堰土呈月牙形培于根部的主风方向，以利于越冬防寒。

三、竹类的栽植

（一）竹类栽植地选择

（1）竹类栽植土壤条件

竹子对土壤的要求较高，适于竹子生长的土壤条件是：①土层深厚，含有较多的有机质及矿质营养；②有良好的土壤团力结构，透水性、持水性和吸水能力较强；③土壤呈酸性反应，pH4.5 ～ 7。

（2）竹类栽植地选择

最适于竹类生长的土壤是乌沙土和香灰土，其具有良好的理化性质；沙壤土或黏壤土次之；重黏土和石砾土最差。过于干燥的沙荒地带、含盐量在 0.1% 以上的盐渍土、低洼积水和地下水位过高的地方，都不适于竹类的生长。丛生竹对土壤水肥条件高于散生竹，在华南地区，大多数的丛生竹竹种分布于平原、谷地、溪河沿岸。

（二）竹类栽植的季节

竹类栽种季节以春末夏初为最好。若太早会因干旱少雨，气候干燥，多风而影响成活；若栽种太晚竹子已进入速生期，伤根太多对成活也不利，一般应不迟于出笋前 1 个月栽为宜。若采用当地苗源，也可在多雨夏季需带土球大些移种。

（三）竹类栽植的方法

竹类栽植的方法有母竹移栽法、鞭根移栽法、根株移栽法、竹笋移栽法、带蔸（根）埋杆法、插秆插节法、枝条扦插法、种子播种法等。在观赏竹栽培中可根据不同的竹种和观赏目的选择不同的栽植方法，其中母竹移栽法是观赏竹最常用的栽植方法。

（四）竹类栽植的技术（以母竹移栽法为例）

1. 母竹的选择标准

①以 1 ～ 2 年生新竹最为适宜，此时母竹连接的竹鞭正处于壮龄阶段（即 3 ～ 5 年生），鞭色鲜黄，鞭芽饱满，鞭根健全。

②以生长健壮，但不宜过粗、分枝较低、无病虫危害，竹杆表面无病斑、无枯枝、无开花、无机械损伤。

③丛生竹选择竹丛边缘的，因为 1 ～ 2 年生的健壮竹株一般生在竹丛边缘，秆入土深、芽眼和根系发育较好，离母竹较远，挖掘方便。

2. 母竹的挖掘

（1）确定母竹土球的大小毛竹、花毛竹等大径竹，挖掘半径不小于竹子胸径 5 倍；湘妃竹、金镶竹等中径竹，挖掘半径不小于竹子胸径 7 倍；小径竹类挖掘半径一般不小于竹子胸径 10 倍。

（2）判明母竹竹鞭的走向。大多数竹子最下一盘枝条生长方向与其竹鞭走向大致平行。

（3）确定竹鞭的长度大型竹种留来鞭 30 ~ 40cm，留去鞭 40 ~ 50cm；中小型竹种留来鞭 30cm 左右，留去鞭 30 ~ 40cm。

挖出母竹后，留枝 4 ~ 5 盘，切去顶梢，切口要平滑，根茎较长或大竹种，可采用单株挖蔸多留宿土；小型竹种则可以 3 ~ 5 株成丛挖掘栽植。起苗后，将距竹蔸 1 ~ 1.5m 处竹杆斜行切断，切口呈马耳形，以保持挖掘后母竹上下输水平衡。

3. 挖定植穴

按设计要求确定每一竹种、每一竹株种植的位置，提前一天挖好定植穴，定植穴的规格视栽植竹子带的土球大小而定，一般是土球与穴壁周边距离不小于 6cm，以利于培土及掏实。

4. 栽植

（1）散生母竹栽植

先将表土垫于栽植穴底，厚约 10cm，然后解去捆扎母竹的稻草，将母竹放入穴中，要求鞭根舒展，与表土密接。之后，填心土，分层踏实。在气候干燥的地方，还需先适当浇水，再覆土，覆土深度比母竹原土痕部分深 3 ~ 5cm，上部培成馒头状，周围开好排水沟。栽植时做到深挖穴、浅栽植、下拥紧（土）、上盖松（土）。

（2）丛生竹种栽植

母竹入穴时，穴底先垫细土，最好施些腐熟的有机肥与表土拌均。之后保持竹竿垂直栽植，要求土球底部与穴底土壤紧密衔接、不留空隙。入穴母竹的土球顶部略低于土面。培土自下而上分层分批进行，每次回填土厚度不超过 10cm，并用木制掏捧掏实，防止上实底松，使竹蔸根系与土壤紧密接触并压实。最后，覆土超过原母竹竿土痕 3cm 为宜。培土与地面平或略高于地面。观赏竹栽植方法主要采用丛栽密植、浅种壅肥。

5. 栽后管理

栽后可用稻草等覆盖在母竹周围，减少土壤水分的蒸发，之后浇透定根水，散生母竹可用草绳和木桩架设支架，以防风吹摇动。

（五）竹类管理

（1）灌溉排涝

竹类大多数喜湿忌积水，故在灌溉时注意排涝，否则竹林生长就受到影响。

（2）松土施肥

散生竹林在 5 月应施养竹肥，9 月施催芽肥或孕笋肥。施肥以有机肥为主，如厩肥、稀释粪尿等，也可施化肥，如尿素，每年可在 450 ~ 600kg/hm^2。丛生竹林每年 2 ~ 3 月扒土、晒半月，覆土时结合施肥；7 月松土锄草时，结合施笋期肥；9 月松土锄草结合施养竹肥。施肥量如复合肥每次每丛 0.5kg。

（3）疏笋养竹和护笋养竹

挖除弱笋、小笋，选留粗壮竹笋育竹，即挖始期、初期笋，留盛期笋；挖后期、末期笋及弱笋、小笋、病虫笋，留健壮笋。一般疏笋量占竹笋出土量的 50% ~ 70%。

（4）钩梢

对当年竹进行钩梢，以抑制顶端优势，促进竹鞭生长和发笋，并可减少和防止风、雪危害。一般钩梢在霜降至第二年春分间进行，但以立冬时为最好。钩梢长度视竹株高矮大小而定，一般毛竹为 2m 左右，中型竹可短些。

（5）定向培育

竹类生长有向光趋肥性，因此应采取一定措施引导竹鞭和竹林扩大的方向，也合众株合理分布，充分利用空间。方法有：一是通过采伐阻止竹子向不适宜的方向出笋；二是通过松土、施肥，引导竹林向适宜的方向出笋。

（6）合理砍伐

砍伐要掌握"砍弱留强、砍老留幼、砍密留稀、砍内留外"的原则。一般毛竹的合理砍伐年龄是 6 年生竹；其他散生竹的适伐年龄为 3 ~ 5 年；丛生竹的大型竹为 4 年生，中、小型为 3 年生。

四、园林树木栽植成活期养护管理

（一）园林树木栽植成活期养护管理的主要内容

园林树木定植后及时到位的养护管理，对提高栽植成活率、恢复树体的生长发育、及早表现景观生态效益具有重要意义，俗话说"三分栽种、七分管养"。为促使新植树木健康成长，养护管理工作应根据园林树木的生长特性、栽植地的环境条件，以及人力、物力、财力等情况进行妥善安排。

1. 培土扶正

当园林树木栽植后由于灌水和雨水下渗等原因，导致树体晃动、树盘整体下沉或局部下陷、树体倾斜时，应采取培土扶正的措施。具体做法是：检查根茎入土的深度，若栽植较深，应在树木倾向一侧根盘以外挖沟至根系以下内掏至根茎下方，用锹或木板伸入根团以下向上撬起，向根底塞土压实，扶正即可；若栽植较浅，可在倾向的反侧掏土，稍微超过树干轴线以下，将土踩实。树木扶正培土后应设立支架。扶正的时间就一般而言，落叶树种应在休眠期进行；常绿树种应在秋末扶正；对于刚栽植不久的树木发生歪斜，应立即扶正。

2. 水分管理

园林树木定植后，由于根系被损伤和环境的变化，根系吸水功能减弱，水分管理是保证栽植成活率的关键。新移植树木，日常养护管理只要保持根际土壤适当湿润即可。土壤含水量过大，反而会影响土壤的透气性能，抑制根系的呼吸，对发根不利，严重的会导致烂根死亡。因此，要做好以下几项工作。

（1）严格控制土壤浇水量

移植时第一次要浇透水，以后应视天气情况、土壤质地，检查分析，谨慎浇水。

（2）防止树池积水

定植时留下的围堰，在第一次浇透水后即应填平或略高于周围地面，以防下雨或浇水时积水；在地势低洼易积水处，要开排水沟，保证雨天能及时排水。

（3）保持适宜的地下水位高度

地下水位高度一般要求在1.5m以下，地下水位较高处要做网沟排水，汛期水位上涨时，可在根系外围挖深井，用水泵将地下水排至场外，严防淹根。

（4）采取叶面喷水补湿措施

新植树木，为解决根系吸水功能尚未恢复、而地上部枝叶水分蒸腾量大的矛盾，在适量根系水分补给的同时，应采取叶面补湿的喷水措施。尤其在7、8月份天气炎热干燥的天气，必须及时对干冠喷水保湿。方法为：

①高压水枪喷雾。去冠移植的树体，在抽枝发叶后，需喷水保湿，束草枝干亦应注意喷水保湿。可采用高大水枪喷雾，喷雾要细、次数可多、水量要小，以免滞留土壤、造成根际积水。

②细孔喷头喷雾。将供水管安装在树冠上方，根据树冠大小安装一个或若干个细孔喷头进行喷雾，喷及树冠各部位和周围空间，效果较好，但需一定成本费用。

（5）应用抗蒸腾防护剂

树木枝叶被抗蒸腾防护剂这种高分子化合物喷施后，能在其表面形成一层具有透气性的可降解薄膜，在一定程度上降低枝叶的蒸腾速率，减少树体的水分散失，可有效缓解夏季栽植时的树体失水和叶片灼伤，有效地提高树木移栽成活率。

3. 松土除草

（1）松土

因浇水、降雨以及行人走动或其他原因，常导致树木根际土壤硬结，影响树体生长。根部土壤经常保持疏松，有利于土壤空气流通，可促进树木根系的生长发育。另外，要经常检查根部土壤通气设施（通气管或竹笼）。发现有堵塞或积水的，要及时清除，以保持其经常良好的通气性能。

（2）除草

在生长旺季可结合松土进行除草，一般20～30天一次。除草平均深度以掌握在3～5cm为宜，可将除下的枯草覆盖在树干周围的土面上，以降低土壤辐射热，有较好的保墒作用。

除草可采用人工除草及化学除草，化学除草具有高效、省工的优点，尤适于大面积使用。一般一年至少进行2次，一次是4月下旬至5月上旬，一次是6月底至7月初。在杂草高15cm以下时喷药或进行土壤处理，此时杂草茎、叶细嫩、触药面积大、吸收性强、抗药力差，除草效果好。注意喷药时喷洒要均匀，不要触及树木新展开的嫩叶和萌动的幼芽；除草剂用量不得随意增加或减少；除草后应加强肥水和土壤管理，以免引起树体早衰；使用新型除草剂，应先行小面积试验后再扩大施用。

4. 施肥

树体成活后，可进行基肥补给，用量一次不可太多，以免烧伤新根。施用的有机肥料必须充分腐熟，并用水稀释后才可施用。

树木移植初期，根系处于恢复生长阶段，吸肥能力低，宜采用根外追肥。喷施易吸收的有机液肥或尿素等速效无机肥，可用尿素、硫酸铵、磷酸二氢钾等速效性肥料配制成浓度为0.5%～1%的肥液，选早晚或阴天进行叶面喷洒，遇降雨应重喷一次。一般半个月左右一次。

5. 修剪

（1）护芽除萌

①护芽。新植树木在恢复生长过程中，特别是在进行过强度较大的修剪后，树体干、枝上会萌发出许多嫩幼新枝。新芽萌发，是新植树生理活动趋于正常的标志，是树木成活的希望，树体地上部分的萌发，能促进根系的。因此，对新植树、特别是对移植时进行过重度修剪的树体所萌发的芽要加以保护，让其抽枝发叶，待树体恢复生长后再行修剪整形。同时，在树体萌芽后，要特别加强喷水、遮阴、防病治虫等养护工作，保证嫩芽与嫩梢的正常生长。

②除萌。大量的萌发枝会消耗大量养分、影响树形；枝条密生，往往造成树冠郁闭、内部通风透光不良。为使树体生长健壮并符合景观设计要求，应随时疏除多余的萌蘖，着重培养骨干枝架。

（2）合理修剪

合理修剪以使主侧枝分布均匀，枝干着生位置和伸展角度合适，主从关系合理，骨架坚固，外形美观。合理修剪尚可抑制生长过旺的枝条，以纠正偏冠现象，均衡树形。树木栽植过程中，经过挖掘、搬运，树体常会受到损伤，以致有部分枝芽不能正常萌发生长，对枯死部分也应及时剪除，以减少病虫滋生场所。树体在生长期形成的过密枝或徒长枝也应及时去除，以免竞争养分，影响树冠发育。徒长枝组织发育不充实；内膛枝细弱老化，发育不良，抗病虫能力差。合理修剪可改善树体通风透光条件，使树体生长健壮，减少病虫危害。

（3）伤口处理

新栽树木因修剪整形或病虫危害常留下较大的伤口，为避免伤口染病和腐烂，需用锋利的剪刀将伤口周围的皮层和木质部削平，再用1%～2%硫酸铜或40%的福美胂可湿性粉剂或石硫合剂原液进行消毒，然后涂抹保护剂。

6.成活调查与补植

园林树木栽植后，由于受各种外界条件的影响，如树木质量、栽植技术、养护措施等，会发生死树缺株的现象，对此应适时进行补植。对已经死亡的植株，应认真调查研究，调查内容包括：土壤质地、树木习性、种植深浅、地下水位高低、病虫为害、有害气体、人为损伤或其他情况等。调查之后，分析原因，采取改进措施，再行补植。为保持原来设计景观效果，补植的树木在规格和形态上应与已成活株相协调。

（二）树木生长异常的诊断与检索

1.树木生长异常的诊断

（1）诊断的方法

树体定植后，常因内、外部条件的影响出现生长状态异常的现象，需要通过细致的观察，找出其真实的原因以便于采取措施，促进树木健康生长。导致树体生长异常的原因大致有两个主要类别。

生物因素：生物因素是指活的有机体，如病菌有真菌、细菌、病毒、线虫等，害虫有昆虫、螨虫、软体动物、啮齿动物等。要观察征兆和症状来区别是病菌还是昆虫。如果多种迹象表明是病菌引起的，就要找出证据来判断是真菌、细菌、病毒还是线虫。如果迹象表明是昆虫，就要判断是刺吸式口器还是咀嚼式口器的昆虫。

非生物因素：非生物因素是指环境因素，一是物理因素，包括极端的温度、光照、湿度、空气、雷击等；二是化学因素，包括危害树体生长的有毒物质、营养生理失调等；三是机械损伤等。树木生长异常首先判断异常状态是发生在根部还是在地上部，然后再试着判断是机械的、物理的，还是化学的因素。

大致确定导致树体生长状态异常的原因范围后，就可以通过相关分析来获得进一步的信息，最终做出正确的诊断。

（2）诊断的流程

①观察调查。观察异常表现的症状和标记，调查同期其他树体或树体自身往年生长状况。

②异状表现特征分类。从一株树体蔓延到其他树体、甚至覆盖整个地区的症状，可能是由有生命的生物因素导致。不向其他树体或自身的其他部位扩散，异状表现部位有明显的分界线，可能是由非生物因素所导致。

③综合诊断。参考相关资料，必要时进行实验室分析，综合信息来源，诊断异状发生

原因。

2. 树木生长异常的分析检索

（1）整体树株

A 正在生长的树体或树体的一部分突然死亡

A1 叶片形小、稀少或褪色、枯萎；整个树冠或一侧树枝从顶端向基部死亡……………………………………………………………束根

A2 高树或在种植开阔地区生长的孤树，树皮从树干上垂直剥落或完全分离……………………………………………………………雷击

B 原先健康的树体生长逐渐衰弱，叶片变黄、脱落，个别芽枯萎

B1 叶缘或脉间发黄，萌芽推迟，新梢细短，叶形变小，植株渐渐枯萎根系……………………………………………………………生长不良

B2 叶形小、无光泽、早期脱落，嫩枝枯萎，树势衰弱…………根部线虫

B3 吸收根大量死亡，根部有成串的黑绳状真菌，根部腐烂………根腐病

B4 叶片变色，生长减缓………………………………………空气污染

B5 叶片稀少，色泽轻淡……………………………………………光线不足

B6 叶缘或脉间发黄，叶片变黄，干燥气候下枯萎……………干旱缺水

B7 全株叶片变黄、枯萎，根部发黑……………灌水过量，排水不良

B8 施肥后叶缘褪色（干燥条件下）……………………………施肥过量

B9 叶片黄化失绿，树势减弱……………………………土壤 pH 值不适

B10 常绿树叶片枯黄、嫩枝死亡，主干裂缝、树皮部分死亡……冬季冻伤

C 主干或主枝上有树脂、树液或虫孔

C1 主干上有树液（树脂）从孔洞中流出，树冠褪色……………钻孔昆虫

C2 枝干上有钻孔，孔边有锯屑，枝干从顶端向基部死亡………钻孔昆虫

C3 嫩枝顶端向后弯曲，叶片呈火烧状……………………………枯萎病

C4 主干、枝干或根部有蘑菇状异物，叶片多斑点、枯萎………腐朽病

C5 主干、嫩枝上有明显标记，通常呈凹陷、肿胀状，无光泽……癌肿病

C6 在挪威枫和科罗拉多蓝杉主干或主枝上有白色树脂斑点，叶片变色并脱落……………………………………………………………细胞癌肿病

（2）叶片情况，包括叶片损伤、变形、有异状物

①叶片扭曲，叶缘粗糙，叶质变厚，纹理聚集，有清楚色带……除草剂药害

②叶片变黄、卷曲，叶面上有黏状物，植株下方有黑色黏状区域………蚜虫

③叶片颜色不正常，伴随有黄色斑点或棕色带……………………叶螨虫

④叶片部分或整片缺失，叶片或枝干上可能有明显的蛛丝………啮齿类昆虫

⑤叶缘卷起，有蛛网状物……………………………………………卷叶昆虫

⑥叶片发白或表面有白色粉末状生长物……………………………粉状霉菌

⑦叶表面呈现橘红色锈状斑，易被擦除，果实及嫩枝通常肿胀、变形……………………………………………………………………铁锈病

⑧叶片布有从小到大的碎斑点，斑点大小、形状和颜色各异……菌类叶斑

⑨叶片具黑色斑点真菌体，边缘黑色或中心脱落成孔、有疤痕……炭疽病

⑩叶片有不规则死区叶片……………………………枯萎病（白斑病）

⑪叶片有茶灰色斑点，渐被生长物覆盖…………………………灰霉菌

⑫叶面斑点硬壳乌黑……………………………………………黑霉菌

⑬叶片呈现深绿或浅绿色、黄色斑纹，形成不规则的镶花式图案…花斑病毒

⑭叶片上呈现黄绿色或红褐色的水印状环形物………………环点病毒

第三节　园林树木的树体保护

对树体、枝、干等部位的损伤进行防护和修补的技术措施称为树体保护，又称树木外科手术。

一、树皮保护

树皮受伤以后，有的能自愈，有的不能自愈。为了使其尽快愈合，防止扩大蔓延，应及时对伤口进行处理。对伤面不大的枝干，可于生长季移植新鲜树皮，并涂以10%的萘乙酸，然后用塑料薄膜包扎缚紧。对皮部受伤面很大的枝干，可于春季萌芽前进行桥接以沟通输导系统，恢复树势。方法是剪取较粗壮的一年生枝条，将其嵌接入伤面两端切出的接口，或利用伤口下方的徒长枝或萌蘖，将其接于伤面上端；然后用细绳或小钉固定，再用接蜡、稀黏土或塑料薄膜包扎。

二、树干保护

由于风折使树木枝干折裂，应立即用绳索捆缚加固，然后消毒涂保护剂。北京有的公园用2个半弧圈构成的铁箍加固，为了防止摩擦树皮用棕麻绕垫，用螺栓连接，以便随着干茎的增粗而放松。另外一种方法，是用带螺纹的铁棒或螺栓旋入树干，起到连接和夹紧的作用。

由于雷击使枝干受伤的树木，应将烧伤部位锯除并涂保护剂。

三、伤口处理

进入冬季，园林工人经常会对园林树木进行修剪，以清除病虫枝、徒长枝，保持树姿

优美。在修剪过程中常会在树体上留下伤口，特别是对大枝进行回缩修剪，易造成较大的伤口，或者因扩大枝条开张角度而出现大枝劈裂现象。另外，因大风和其他人力的影响也会造成树木受伤。这些伤口若不及时处理，极易造成枝条干枯，或经雨水侵蚀和病菌侵染寄生引起枝干病害，导致树体衰弱。针对伤口种类有以下几种不同处理技巧。

修剪造成的伤口处理技巧：在修剪中有时候需要疏枝，将枯死枝条锯平或剪除，在其附近选留新枝加以培养，以补充失去部分的树冠空缺。疏枝后树体上的伤口，尤其是直径2cm 以上的大伤口，应先用刀把伤口刮平削光，再用浓度为 2%～5% 的硫酸铜溶液消毒，然后涂抹保护剂。一般保护剂是用动物油 1 份、松香 0.7 份、蜂蜡 0.5 份配制的，将这几种材料加热熔化拌匀后，涂抹于树体伤口即可。

大枝劈裂伤口的处理技巧：先将落入劈裂伤口内的土和落叶等杂物清除干净，再把伤口两侧树皮刮削至露出形成层，然后用支柱或吊绳将劈裂枝皮恢复原状，之后用塑料薄膜将伤处包严扎紧，以促进愈合。若劈裂枝条较粗，可用木钉钻在劈裂处正中钻一透孔，用螺丝钉拧紧，使劈裂枝与树体牢牢固定。如果劈裂枝附近有较长且位置合适的大枝，也可用"桥接法"把劈裂的枝条连接上，促进愈合，以恢复健壮的树势。若枝条损坏程度不是很严重，可借助木板固定、捆扎，短期内便可愈合，半年至一年后可解绑。被风将树干刮断的大树，可锯成 1～1.5m 高的树桩，视树干粗细高接 2～4 根接穗，或在锯后把锯面切平刨光，消毒涂药保护后，让其自然发生萌蘖枝，逐渐培养成大树。

四、树干涂白

1. 树干涂白的作用

（1）杀菌

防止病菌感染，并加速伤口愈合。

（2）杀虫、防虫

杀死树皮内的越冬虫卵和蛀干昆虫。由于害虫一般都喜欢黑色、肮脏的地方，不喜欢白色、干净的地方。树干涂上了雪白的石灰水，土壤里的害虫便不敢沿着树干爬到树上来捣蛋，还可防止树皮被动物咬伤。

（3）防冻害和日灼

避免早春霜害。冬天，夜里温度很低；到了白天，受到阳光的照射，气温升高，而树干是黑褐色的，易于吸收热量，树干温度也上升很快。这样一冷一热，使树干容易冻裂。尤其是大树，树干粗，颜色深，而且组织韧性又比较差，更容易裂开。涂了石灰水后，由于石灰是白色的，能够使 40%～70% 的阳光被反射掉，因此树干在白天和夜间的温度相差不大，就不易裂开。延迟果树萌芽和开花期，防止早春霜害。

（4）方便晚间行路

树木刷成白色后，会反光，夜间的行人，可以将道路看得更加清楚，并起到美化作用，给人一种很整齐的感觉。

2. 涂白液的制作方法

生石灰 10 份，水 30 份，食盐 1 份，黏着剂（如黏土、油脂等）1 份，石硫合剂原液 1 份，其中生石灰和硫黄具有杀菌治虫的作用，食盐和黏着剂可以延长作用时间，还可以加入少量有针对性的杀虫剂。先用水化开生石灰，滤夫残渣，倒入已化开的食盐，最后加入石硫合剂、黏着剂等搅拌均匀。涂白液要随配随用，不宜存放时间过长。

3. 涂白树种

针对病虫害发生情况，对槐、榆、紫薇、合欢、杨、栾、柳、樱花、蔷薇科中经常发生病虫危害的和部分受蚧虫、天牛、蚜虫危害的常绿树以及易受冻害的杜英、含笑等树木可进行重点涂白，而其他病虫危害较少的如水杉、银杏、臭椿、火炬等，若无病虫危害则可不涂。

4. 涂白高度

隔离带行道树统一涂白高度 1.2 ~ 1.5m，其他按 1.2m 要求进行，同一路段、区域的涂白高度应保持一致，达到整齐美观的效果。

5. 涂液要求

涂液要干稀适当，对树皮缝隙、洞孔、树杈等处要重复涂刷，避免涂刷流失、刷花刷漏、干后脱落。

6. 涂白时间

每年应在秋末冬初雨季后进行，最好早春再涂一次，效果更好。

五、洗尘、设置围栏及定期巡查

（1）洗尘树木也是要呼吸的，灰尘对其很有影响，另外影响光合作用，阻碍植物的生长，还有就是影响美观，因此要适时对其进行洗尘。

（2）设置围栏树木干基很容易被动物啃食或机械损伤造成伤害，可为树木设置围栏，将树干与周围隔离开来，避免不必要的伤害。

（3）定期巡查树体保护要贯彻"防重于治"的精神，做好预防工作，实在没有办法防的，应坚持定期巡查，及时发现问题，及早处理。

⑤涂刷时用毛刷或草把蘸取涂白剂，选晴天将主枝基部及主干均匀涂白，涂白高度主要在离地 1 ~ 1.5m 为宜。如老树露骨更新后，为防止日晒，则涂白位置应升高，或全株涂白。

第四节　园林树木的损伤及养护

一、园林树木的安全性问题

（一）园林树木的不安全性因素

1. 园林树木的不安全性概念

在人们居住的环境中总有许多大树、老树、古树，以及不健康的树木，由于种种原因而表现生长缓慢、树势衰弱、根系受损、树体倾斜，出现断枝、枯枝等情况，这些树木如遇到大风、暴雨等异常天气就容易折断、倒伏，树枝垂落而危及建筑设施，并构成对人群安全的威胁。事实上，几乎所有的树木多少都具有潜在的不安全因素，即使健康生长的树木，有的因生长过速枝干强度降低也容易发生意外情况而成为城市的不安全因素。有人曾说，城市树木经营中的一个重要方面，就是确保树木不会构成对设施与财产的损伤。因此，城市树木的经营者不仅要注意已经受损、发现问题的树木，而且要密切关注被暂时看作是健康的树木，并建立确保树木安全的管理体系。

一般把具有危险的树木定义为，树体结构发生异常并且有可能危及目标的树木。

（1）树体结构异常

如病虫害引起的枝干缺损、腐朽、溃烂，各种损伤造成树干劈裂、折断，一些大根损伤、腐朽、树冠偏斜、树干过度弯曲、倾斜等。

树木结构方面的因素主要包括以下几个方面。

树干部分：树干的尖削度不合理，树冠比例过大、严重偏冠，具有多个直径几乎相同的主干，木质部发生腐朽、空洞，树体倾斜等。

树枝部分：大枝（一级或二级分支）上的枝叶分布不均匀，大枝呈水平延伸、过长，前端枝叶过多、下垂，侧枝基部与树干或主枝连接处腐朽、连接脆弱；树枝木质部纹理扭曲，腐朽等。

根系部分：根系浅、根系缺损、裸出地表、腐朽，侧根绕主根影响及抑制其他根系的生长。

上述这些潜在的危险是可以预测和预防的。必须强调的是，有些树种由于生长速度快，树体高大，树冠幅度大，但枝干强度低、脆弱，也很容易在异常的气候情况发生树倒或折断现象。

（2）危及目标

定义为不安全的树木，除了树木本身外还必须具有其危及的目标，如树木生长在旷野不会构成对财产或生命的威胁，因此不用判断为安全性有问题的树木，但在城区就要慎重处理。城市树木危及的目标包括，各类建筑、设施、车辆、人群等。对人群经常活动的地方，如人行道、公园、街头绿地、广场等，以及重要的建筑附近的树木应是主要的监管对象。也应注意树木对地面和地下部分城市基础设施的影响。

另外，树木生长的位置以及树冠结构等方面交通的影响，也是树木造成不安全的因素。例如，十字路口的大树行道树，过大的树冠或向路中伸展的枝叶可能会遮挡司机的视线；行道树的枝下高过低也可能造成对行人的意外伤害，这类问题在树木修剪规程、配置要求等有关介绍中已有阐述。

2. 具有危险性树木的评测

对树木具有潜在危险性的评测，包括 3 个方面。

（1）对具有潜在危险的树木的检查与评测

一般通过观察或测量树木的各种表现，例如树木的生长、各部形状是否正常，树体平衡性及机械结构是否合理等，并与正常生长的树木进行比较做出诊断。这个方法称为望诊法（VTS 方法），即通过对树木的表现来判断。

（2）对可能造成树木不安全的影响因素的评估

树木可能存在的潜在危险取决于树种、生长的位置、树龄、立地特点、危及的目标等，我们对这些因子有了充分的了解，就能够知道应该注意哪些问题，并及时避免不必要的损失。

（3）对树木可能伤害的目标的评估

树木可能危及的目标应包括人和物，当然人是首位的。因此在人群活动频繁处的树木是首先要认真检查与评测的，另外包括建筑、地表铺装、地下部分的基础设施等。

3. 检查周期

城市树木的安全性检查应成为制度，进行定期检查与及时处理，一般间隔 1 ~ 2 年。我国在这方面还没有明确的规定，一般视具体情况；但在其他一些国家均制订具体的要求，例如美国林务局要求每年需检查 1 次，最好是 1 年 2 次，分别在夏季和冬季进行；美国加州的规定每 2 年 1 次，常绿树种在春季检查，落叶树种则在落叶以后。应该注意的是，检查周期的确定还需根据树种及其生长的位置来决定，树木的重要性以及可能危及目标的重要程度来决定。

（二）形成树木弱势的因素

1. 树木的结构

乔木树种的树冠构成基本为两种类型，一种具有明显的主干、顶端生长优势显著；另一种相反，无明显的主干。

（1）有主干的树木

如果中央主干发生如虫蛀、损伤、腐朽，则其上部的树冠就会受影响；如果中央主干折断或严重损伤，有可能形成一个或几个新的主干，其基部的分枝处的连接强度较弱；

有的树木具有双主干，两主干在直径生长过程中逐渐相接，相连处夹嵌树皮，其木质部的年轮组织只有一部分相连，结果在两端形成突起，使树干成为椭圆状、橄榄状，随着直径生长这两个主干交叉的外侧树皮出现褶皱，然后交叉的连接处产生劈裂，这类情况危险性极大。

（2）无主干类型

这类树木通常由多个直径和长度相近的侧枝构成树冠，它们的排列是否合理是树冠结构稳定性的重要因素。

以下几种情况构成潜在危险的可能性较大：

几个一级侧枝的直径与主干直径相似；几个直径相近的一级侧枝几乎着生在树干的同一位置；古树、老树树冠继续有较旺盛的生长。

2. 分枝角度

如果侧枝在分枝部位曾因外力而劈裂但未折断，一般在裂口处可形成新的组织使其愈合，但该处容易发生病菌感染开始腐烂，如果发现有肿突、有锯齿状的裂口出现，应特别注意检查。对于有上述问题的侧枝应适当剪短减轻其重量，否则侧枝前端下沉可能造成基部劈裂，如果侧枝重量较大会撕裂其下部的树皮，结果造成该侧根系因没有营养来源而死亡。

3. 分枝强度

侧枝特别是主侧枝与主干连接的强度远比分枝角度重要，侧枝的分枝角度对侧枝基部连接强度的直接影响不大，但分枝角度小的侧枝生长旺盛，而且与主干的关系要比那些水平的侧枝要强。树干与侧枝的年轮生长在侧枝与主干的连接点周围及下部，被一系列交叉重叠的次生木质层所包围，随着侧枝年龄的增长被深深地埋入树干，这些木质层的形成机理尚不清楚，可能是因为侧枝与主干的形成层生长的时间不一致所致，侧枝的木质部形成先于树干。研究表明，只有当树干的直径大于侧枝的直径时（连接处），树干的木质部才能围绕侧枝生长形成高强度的连接。

4. 偏冠

树冠一侧的枝叶多于其他方向，树冠不平衡，因受风的影响树干呈扭曲状，如果长期在这种情况下生长，木质部纤维呈螺旋状方向排列来适应外界的应力条件，在树干外部可看到螺旋状的扭曲纹。树干扭曲的树木当受到相反方向的作用力时，如出现与主风方向相反的暴风等，树干易沿螺旋扭曲纹产生裂口，这类伤口如果未能及时愈合则成为真菌感染的入口。

5. 树干内部裂纹

如树干横断面出现裂纹，在裂纹两侧尖端的树干外侧形成肋状隆起的脊，如果该树干裂口在树干断面及纵向延伸、肋脊在树干表面不断外突、并纵向延长则形成类似斑状根的树干外突；树干内断面裂纹如果被今后生长的年轮包围、封闭，则树干外突程度小而近圆形。因此，从树干的外形的饱圆度可以初步诊断内部的情况，但必须注意有些树种树干形状的特点，不能一概而论。树干外部发现条状肋脊，表明树干本身的修复能力较强，一般不会发生问题。但如果树干内部发生裂纹而又未能及时修复形成条肋，而在树干外部出现纵向的条状裂口，则最终树干可能纵向劈成两半，构成危险。

6. 夏季的折枝与垂落

在夏季炎热无风的下午树枝折断垂落的现象，一般情况垂落的树枝大多位于树冠边缘，且呈水平状态、远离分枝的基部。断枝的木质部一般完好，但可能在髓心部位有色斑或腐朽，这些树枝可能在以前受到外力的损伤但未表现症状，因此难以预测和预防，可能严重危及行人的安全，因此应得到足够的重视。

7. 斜干

树干严重向一侧倾斜的树木最具潜在的危险性，如位于重点监控的地方，应采取必要的措施或伐除。如果树木一直是向一侧倾斜，那么在生长过程中形成了适应这种状态的其木质部以及根系，其倒伏的危险性要小于那些原来是直立的、以后由于外来的因素造成树体倾斜的树木。树干倾斜的树木，其倾斜方向另一侧的长根，像缆绳一样拉住倾斜的树体，一旦这些长根发生问题，或暴风来自树干倾斜的方向则树木极易倾倒。

8. 根系问题

根系暴露、根系固着力差、根系缠绕、根系分布不均匀、根及根茎的感病等都可能造成树体不平衡，在外界不良气候的影响下造成树体倾倒，造成危害。

9. 枯死树

城市树木发生死亡的现象十分常见，这为管理工作带来许多麻烦，理论上讲，应及时移去并补植，但不是什么时候都能达到这个要求，绝大部分情况会留在原地一段时间。问题是可以留多长时间而不会构成对安全的威胁，显然这是比较复杂的问题，因为取决于树种、死亡原因、时间、气候和土壤等因素。一般情况下，针叶树死亡时如果根系没有腐朽，在 3 年时间内其结构可保持完好，树脂含量高的树种时间更长些。但阔叶树死亡后其树枝折断垂落的时间要早于针叶树。死亡的树枝只要不腐朽相对比较安全，但要确认这些已死的树枝何时开始腐烂，并构成对安全的威胁显然不是一件容易的事，因此一旦发现大树上有已死亡的大枝，且附近是人群经常活动的场所则应通过修剪及时除去，直径 5cm 的树枝一旦垂落足以使人受伤。

（三）园林树木的安全性管理

1. 建立管理系统

城市绿化管理部门应建立树木安全的管理体系作为日常的工作内容，加强对树木的管理和养护来尽可能地减少树木可能带来的损害。该系统应包括如下的内容。

确定树木安全性的指标，如根据树木受损、腐朽或其他各种原因构成对人群和财产安全的威胁的程度、划分不同的等级，最重要的是构成威胁的门槛值的确定。

建立树木安全性的定期检查制度，对不同生长位置、树木年龄的个体分别采用不同的检查周期。对已经处理的树木应间隔一段时间后进行回访检查。

建立管理信息档案，特别是对行道树、街区绿地、住宅绿地、公园等人群经常活动的场所的树木，具有重要意义的古树、名木，处于重要景观的树木等，建立安全性信息管理系统，记录日常检查、处理等基本情况，可随时了解，遇到问题及时处理。

建立培训制度，从事检查和处理的工作人员必须接受定期培训，并获得岗位证书。

建立专业管理人员和大学、研究机构的合作关系，树木安全性的确认是一项复杂的工作，有时需要应用各种仪器设备，需要有相当的经验，因此充分的利用大学及研究机构的技术力量和设备是必需的。明确经费渠道。

2. 建立分级系统

评测树木安全性是为了确认该树木是否可能构成对居民和财产的损害，如果可能发生威胁，那么需要做何种处理才能避免或把损失减小到最低程度。但对于一个城市，特别是拥有巨大数量树木的大城市来讲，这是一项艰巨的工作，几乎不可能对每一株树木实现定期检查和监控。多数情况是在接到有关的报告或在台风来到之前对十分重要的目标进行检查和处理。当然，对于现代城市的绿化管理来说这是远不够的。因此，必须采用分级管理的方法，即根据树木可能构成威胁程度的不同来划分等级，把那些最有可能构成威胁的树木作为重点检查的对象，并做出及时的处理。这样的分级管理的办法已在许多国家实施，一般根据以下几个方面来评测：①树木折断的可能性；②树木折断、倒伏危及目标（人、财产、交通）的可能性；③树种因子，根据不同树木种类的木材强度特点来评测；④对危及目标可能造成的损害程度；⑤危及目标的价值，以货币形式记价。

上述的评测体系包括3个方面的特点，其一，树种特性，是生物学基础；其二，树种受损伤、受腐朽菌感染、腐朽程度，以及生长衰退等因素，有外界的因素也有树木生长的原因；其三，可能危及的目标情况，如是否有危及的目标、其价值等因素。上述各评测内容，除危及对象的价值可用货币形式直接表达外，其他均用百分数来表示，也可给予不同的等级。

根据以上的分析，从城市树木的安全性考虑可根据树木生长位置、可能危及的目标建立分级监控与管理系统：

Ⅰ级监控生长在人群经常活动的城市中心广场、绿地的，主要商业区的行道树，住宅区，重要建筑物附近单株栽植的、已具有严重隐患的树木。

Ⅱ级监控除上述以外人群一般较少进入的绿地，住宅区等树木，虽表现出各种问题，但尚未构成严重威胁的树木。

Ⅲ级监控公园、街头绿地等成片树林中的树木。

二、园林树木的腐朽及处理

（一）树木的腐朽

了解树木腐朽的发生原因、过程，做出科学的诊断和合理的评价是十分重要的，一旦做出正确的诊断并给予适当的处理，那么这些树木不仅不会再构成威胁，更可以成为城市景观的组成，起到特殊的作用。

1. 腐朽的特征

树木的腐朽过程是木材分解和转化的过程，即在真菌或细菌作用下、木质部这个复杂的有机物分解为简单的形式。腐朽一般发生在木质部，致死形成层细胞，最终造成树木死亡。

（1）变色

当木材受伤或受到真菌的侵蚀，木材细胞的内含物发生改变以适应代谢的变化来保护木材，这导致木材变色。木材变色是一个化学变化，可发生在边材或心材。木材变色本身并不影响到其材性，但预示木材可能开始腐朽，当然并非所有的木材变色都指示着腐朽即将发生，例如，松类、栎类、黑核桃树木的心材随着年龄增长心材的颜色变深，则是正常的过程。

（2）空洞

木材腐朽后期，腐朽部分的木材部分完全被真菌分解成粉末、掉落，而形成空洞。树干或树枝的空洞总有一侧向外，有的可能被愈合，有的因树枝的分叉而被隐蔽起来，有的树干心材的大部分腐朽形成纵向很深的树洞。沿着向外开口的树洞边缘组织常常愈合形成创伤材，特别是在沿树干方向的边缘。创伤材表现光滑、较薄覆盖伤口或填充表面，但向内反卷形成很厚的边，如果树干的空洞较大，该部分为树干提供了必要的强度。

2. 树木腐朽类型

（1）褐腐

是因担子菌纲侵入木质部降解木材的纤维素和半纤维素，微纤维的长度变短失去其抗拉强度。褐腐过程并不降解木质素。

（2）白腐

是因担子菌纲和一些子囊菌的真菌导致的腐朽，这类真菌的特点是能降解纤维素、半纤维素和木质素，降解的速度与真菌种类及木材内部的条件有密切关系。

（二）树木的腐朽的诊断

1. 通过观测和评测树干和树冠的外观特征来估计树木内部的腐朽情况

如在树干或树枝上有空洞、树皮脱落、伤口、裂纹、蜂窝、鸟巢、折断的树枝、残桩等，基本能指示树木内部可能出现腐朽。即使伤口的表面较好地愈合，也许内部仍可能有腐朽部分，因此通过外表观测来诊断有时是十分困难的，有的树木树干腐朽已十分严重，但生长依然正常。

2.通过观测腐朽部位颜色变化等表征来诊断

这依然是主要的方法,但不同树种、不同真菌的情况有很大的差别,因此为这项工作带来很大的难度。例如,山毛榉因感染真菌后造成的腐朽经常和根盘的衰退相关。另外,不同树种感染不同的树种。由此可以说明,我们应更多地了解为什么真菌导致其寄主腐朽,而腐朽的木质部物理性质具有差异性。不同树种具有不同的解剖特性,这在一定程度上决定了,因腐朽而造成的物理性质和强度的改变;同样不同的真菌也产生不同的结果,因为不同种类的真菌其形态特征不同;降解木材细胞壁的生化系统不同;对环境的忍受能力也不同。

3.通过对木材的直接诊断来确定腐朽程度

采用的方法有多种,例如敲击树干听声来判断内部是否有空洞;用生长锥钻取树干可直接了解树干内部的情况;采用仪器的方法来探测内部的腐朽。

(1)木槌敲击听声法

用木槌敲击树干,可诊断树干内部是否有空洞,或树皮是否脱离。但该方法需要有相当经验的人来做,一般的可信度小,对已发生严重腐朽的树干效果较好。

(2)生长锥

用生长锥在树干的横断面上抽取一段木材,直接观察木材的腐朽情况,例如是否有变色、潮湿区、可被抽出的纤维,在实验室培养来确定是否有真菌寄生。该方法一般适用处于腐朽早期或中期的树木,当然如果采用实验室培养的方法,则可在腐朽的初期就有效的诊断。但生长锥造成的伤口可能成为木腐菌侵入的途径,另外对于特别重要珍贵的古树名木也不宜采用。

(3)用小电钻原理同上,用钻头直径3.2mm木工钻在检查部位钻孔,检查者在工作时要根据钻头进入时感觉承受到的阻力差异,以及钻出粉末的色泽变化,来判断木材物理性质的可能变化,确认是否会有腐朽发生;与生长锥方法相同,可以取样来做实验室的培养,当不能取出一个完整的断面。该方法一般适用于腐朽达到中期程度的树木,但需要有经验的人员来操作,其主要的缺点是损伤了树木、造成新的伤口,增加感染的机会。

三、园林树木损伤的预防及处理

(一)园林树木损伤的预防

城市树木因自然灾害、人为伤害、养护不当,导致树木受到损伤的现象时有发生,对损坏严重、濒于死亡、容易构成严重危险的树木可采取伐除的办法,但对一些有保留价值的古树名木,就要采取各种措施来补救,延续其生命。

目前采用钢索悬吊、杆材支撑或螺栓加固等是主要办法之一。

（1）悬吊

悬吊是用单根或多股绞集的金属线、钢丝绳，在树枝之间或树枝与树干间连接起来，以减少树枝的移动、下垂，降低树枝基部的承重，或把原来树枝承受的重量转移到树干或另外增设的构架之上。

（2）支撑

支撑与悬吊作用一样，只是通过支杆从下方、侧方承托重量来减少树枝或树干的压力。

（3）加固

加固是用螺栓穿过已劈裂的主干或大枝，或把脱离原来位置与主干分离的树枝铆接加固的办法。

（二）园林树木损伤的处理

1.园林树木损伤的表现

在人们居住的环境中总有许多大树、老树、古树以及不健康的树木，由于种种原因而出现生长缓慢、树势衰弱、根系受损、树体倾斜、滋生断枝、枯枝等情况，这些树木如遇大风、暴雨等异常天气会倒伏、折断，不仅不能发挥其正常的功能，还可能直接构成对居民或财产的损害，也对过往行人、车辆、附近建筑等产生潜在的危害。

2.园林树木损伤的处理

（1）加强管理，及时清理伤口

加强树体管理。促使树木健康与旺盛生长，通过施肥、灌溉、病虫害防治与日常管理养护来提高树木的生长势，从而减少病腐菌的感染。除去伤口内及周围的干树皮。减少害虫的隐生场所。修理伤口必须用快刀，除去已翘起的树皮，削平已受伤的木质部，使形成的愈合也比较平整，不随意扩大伤口。同时在伤口表面涂层保护，促进伤口愈合，目前国内多采用沥青、杀菌剂涂抹修剪形成的新鲜伤口表面。

（2）移植与修补树皮

树干受到损伤，可被植一块树皮使上下已断开的树皮重新连接恢复传导功能或嫁接一个短枝来连接恢复功能。这个技术在果树栽培中经常采用，现在也在古树名木的复壮修复中使用。树皮受损与木质部分离，要立即采取措施使树皮恢复原状，保持木质部及树皮的形成层湿度，从伤口处去除所有撕裂的树皮碎片；然后把树皮覆盖在伤口上，并用几个小钉子或强力防水胶带固定；另用潮湿的布带、苔藓、泥炭等包裹伤口，避免太阳直射。1～2周后检查树皮是否存活，如已存活，可去除覆盖，但仍需遮挡阳光。

（3）处理树洞

一般采用清理、消毒、支撑固定、密封、填充、覆盖等措施来终止树木的进一步腐朽，在表面形成愈伤组织保护树木。然而这些措施有时却对树木有害，大多数园艺家认为，用水泥、石块填补树洞对树木的生长与健康没有影响。使受伤古树名木等复壮最有效的措施是改善树木自身的健康状况，促其旺盛生长，修剪树冠，以减轻树干承受的重量，当心树洞引起的火灾，可采用网状材料覆盖防护。若必须要处理树洞，常用填充材料是水泥、沥青与沙的混合物等。

（4）治疗皮层腐烂

有些树木皮层严重受损但尚未环状烂通，用消过毒的刀片清除掉损伤坏死的树皮皮层和木质部，并沿病疤边缘向外削去宽 3 ~ 4cm 的一圈健康树皮，同时对伤口进行消毒。在同一品种树体的光滑健壮枝干上取一块健康树皮，将其贴于病树枝条上，紧贴木质部，并使四周接触好，用塑料薄膜将伤口封严。

（5）树干涂白与立柱顶枝

及时对树干进行涂白，涂白剂的配制成分一般为：水 10 份，生石灰 3 份，石硫合剂 0.5 份，食盐 0.5 份，外加少许黏着剂，以便延长涂白期限。大树或古老树如有树身倾斜不稳时，大枝下垂需设支柱撑好，支柱（一般用金属、木桩、钢筋混凝柱等）要坚固，上端与树干连接处应设适当的托杆和托碗，加软垫，以免损害树皮。

（6）根系维护

在城市环境中树木的地下部分往往受到人行道、建筑物、地下管道等影响，生长势衰弱，从而影响整个树木的生长。可采用以下方式减少树木与建筑物相互的伤害：一是降低栽植区的土壤表面；二是采取特殊措施促使树木的根系向深层生长；三是对大的根系进行整修。最重要的是在人行道树种的选择上，要选择适当的树种，设计适当的栽植位置，以避免伤害。

第四章 园林花卉栽培与养护

第一节 园林花卉栽培设施及其器具

一、温室

（一）温室及作用

温室是指覆盖着透明材料，附有防寒、加温设备的建筑。

温室的作用。对于花卉生产，温室能全面地调节和控制环境因子。尤其是温室设备的高度机械化、自动化，使花卉的生产达到了工厂化、现代化，生产效率提高数十倍，是花卉生产中最重要、应用最广泛的栽培设施。温室在花卉生产中的主要作用有：

①在不适合花卉生态要求的季节，创造出适合于花卉生长发育的环境条件，已达到花卉的反季节生产。

②在不适合花卉生态要求的地区，利用温室创造的条件来栽培各种类型的花，以满足人们的需求。

③利用温室可以对花卉进行高度集中栽培，实行高肥密植，以提高单位面积产量和质量，节省开支，降低成本。

（二）温室的类型和结构

1.根据建筑形式分类

（1）单屋面温室

温室的北、东、西面是墙体，南面是透明层。这种温室仅有一向南倾斜的透明屋面，构造简单，适合作小面积的温室，一般跨度在 6 ~ 8m，北墙高 2.7 ~ 3.5m，墙厚 0.5 ~ 1.0m，顶高 3.6m。其优点是节能保温，投资小，其缺点是光照不均匀。

（2）双屋面温室

这种温室通常是南北延长，东西两侧有坡面相等的透明材料。双屋面温室一般跨度在 6.0 ~ 10m，也有达到 15m 的。屋面的倾斜角要比单屋面温室的要小，一般在 28° ~ 35° 之间，使温室内从日出到日落都能受到均匀的光照，故又称全日照温室。双屋面温室的优点是光照均匀，温度较稳定；缺点是保温较差、通风不良，需要有完善的通风和加温设备。

（3）不等屋面温室

东西向延伸，温室的南北两侧具有两个坡度相同而斜面长度不等的屋面，向南一面较宽，向北一面较窄。跨度一般在5～8m，适合做小面积温室。与单屋面温室比，提高了光照，通风较好，单保温性能较差。

（4）连栋式温室

又称连续式温室，由两栋或两栋以上的相同结构的双屋面或不等屋面温室借纵向侧柱连接起来，形成室内联通的大型温室。这种温室的优点是占地面积小，建筑费用省，采暖集中，便于经营管理和机械化生产。其缺点是光照和通风不如单栋温室好。

2. 根据温室设置的位置分类

（1）地上式室内与室外地面近于水平。

（2）半地下式四周矮墙深入地下，仅留侧窗在地面上。这类温室保温好，室内又可保持较高湿度。

（3）地下式仅屋顶露于地面上。这类温室保温、保湿效果好，但光照不足，空气不流通。

3. 根据屋面覆盖材料分类

（1）玻璃面温室以玻璃作为覆盖材料。玻璃优点是透光度大，使用年限久（可到40年以上），缺点是玻璃重量重，要求加大支柱粗度.造成温室内遮光面积加大问题，同时玻璃不耐冲击，易破损。

（2）塑料温室以塑料为屋面覆盖材料。塑料的优点是重量轻，可以减少支柱的数量，减少室内的遮光面积；价格便宜。缺点是易老化，使用寿命一般在1～4年；易燃、易破损和易污染。

（3）塑料玻璃温室以玻璃钢（丙烯树脂加玻璃纤维或聚氯乙烯加玻璃纤维）作为覆盖材料。其特点是透光率高，重量轻，不易破损，使用寿命长（一般为15～20年）。缺点是易燃、易老化和易被灰尘污染。

4. 根据建筑材料分类

（1）木结构温室

屋架、支柱及门窗等都为木质。木结构温室造价低，但使用几年后，温室密闭度降低。

（2）钢结构温室

屋架、支柱及门窗等都为钢材。优点是坚固耐用，用料较细，遮光面积小，能充分利用日光。缺点是造价高、容易生锈。

（3）铝合金结构温室

屋架、支柱及门窗等都为铝合金。特点是结构轻、强度大、密闭度高、使用年限长，但造价高。

（4）钢铝混合结构温室

支柱、屋架等采用钢材，门窗等与外界接触的部分是铝合金构件。这种温室具有钢结构和铝合金结构二者的长处。造价比铝合金结构低。

5. 根据温度分类

（1）高温温室冬季室温保持在15℃以上。供冬季花卉的促成栽培及养护热带花卉。

（2）中温温室冬季室温保持在8～15℃，供栽培亚热带及对温度要求不高的热带花卉。

（3）低温温室冬季室温保持在3～8℃，用以保护不耐寒花卉越冬，也作耐寒性草花栽培。

另外还可根据加温设备的有无分为不加温温室和加温温室。

6. 根据用途分类

（1）生产性温室

以花卉生产为主，建筑形式以适用于栽培需要和经济适用为原则，不追求外形美观。一般造型和结构都较简单，室内生产面积利用充分，有利于降低生产成本。

（2）观赏性温室

这种温室专供展览、观赏及科普之用，一般放置于公园、植物园及高校内，外观要求美观，高大。吸引和便于游人流连、观赏、学习。

（3）人工气候室

室内的全部环境条件由人工控制，一般供科学研究用。

（三）温室内的配套设备

为了调节温室内的环境条件，必须配套相应的光照、温度、湿度和灌溉设备及控制系统。

1. 光照调节设备

（1）补光设备

补光的目的，一是为了满足花卉的光合作用的需求，在高纬度地区冬季进行花卉生产时，温室中的光照时数和光照强度均不足.因此需补充高强度的光照。二是调节光周期以调节花期，这种补光不需要很强的光照强度。常用的有人工补光和反射补光两种。

①人工补光设备。目前常用的人工补光设备主要有白炽灯、荧光灯、高压水银灯、金属卤化灯、高压钠灯、小型气体放电灯等。补光灯上有反光罩，安置在距离植物1.0～1.5m处。

②反射补光设备。在单屋面温室中，因为墙体的影响北面、东西面的光照条件较差，所以可以通过将室内建材和墙面涂白，在墙面悬挂反光板等方法来提高温室内北部的光照条件。

（2）遮阴设备

夏季在温室内栽培花卉时，常由于光照强度太大而导致温室内温度过高，影响花卉的正常生长发育。为了削弱光照强度，减少太阳辐射，需要进行遮阴，遮阴材料以遮阳网最常用，其形式多样，透光率也各不相同，可根据所栽培植物选择合适的遮阳网。另外也可以使用苇帘或竹帘来进行遮阴。

（3）遮光设备

遮光的主要目的是通过缩短光照时间，以调节花卉的花期。常用的遮光材料是黑布或黑色塑料薄膜，铺设在温室顶部及四周。

2. 温度调节设备

（1）加温设备

①烟道加温设备。通过燃烧产生烟雾，然后通过炉筒或烟道散热来增加温室温度，最后烟排除设施外。这种方法室内温度不易控制，且分布不均匀，空气干燥，室内空气质量差，但其设备投入较小，所以该法多见于简易温室及小型加温温室。

②暖风加温设备。用燃料加温使空气温度达到一定指标，然后通过风道输入温室。达到升温的目的暖风设备通常有两种：一是燃油暖风机，使用柴油作为燃料；二是燃气暖风机，使用天然气作为燃料。

③热水加温设备。通过锅炉加热，将热水送至热水管，再通过管壁辐射，使室内温度增高。这种加温方法温度均衡持久，缺点是费用大。这种方法主要用于玻璃温室以及其他大型温室和连栋塑料大棚。

④蒸汽加温设备。用蒸汽锅炉加热产生高温蒸汽。然后通过蒸汽管道在温室内循环，散发热量。蒸汽加温预热时间短，温度容易调节，多用于大面积温室加温，但其保温性较差，热量不均匀。

⑤电热加温设备。电热加温是采用电加热元件对温室内空气进行加热或将热量直接辐射到植株上。可根据加温面积的大小采用电加热线、电加热管、电加温片和电加温炉等。这种加温设备由于电费高，所以没有大面积使用。

（2）保温设备

设施的保温途径主要是增加外围维护结构的热阻 . 减少通风换气，减少维护结构底部土壤传热。常见的保温设备有：①外覆盖保温材料。一般夜间或遇低温天气时，在温室的透光屋面上覆盖保温材料来减少温室中的热量向外界辐射，以达到保温的目的。常用的保温材料有保温被、保温毯和草帘等。草帘的成本比较低，保温效果较好。保温被、保温毯外面用防水材料包裹，不怕雨雪、质量轻、保温效果好、使用年限长，但一次性投入较高；②防寒沟。在温度较低的地区可以在温室的四周挖防寒沟，一般沟宽30cm，深50cm左右，内填干草，上面覆盖塑料薄膜，用以减少温室内的土壤热量散失。

（3）通风、降温设备

在炎热夏季，温室需要配置降温设施，以保护花卉不会受到高温影响，能正常地生长发育。常见降温设备有：

①遮阴设备。

②通风窗。在温室的顶部、侧方和后墙上设置通风窗，当气温升高时，将所有通风窗打开，以通风换气的方式达到降温的目的。

③压缩式制冷机。通过使用压缩式制冷机对温室进行降温，降温快、效果好，但是耗能大、费用高、制冷面积有限，所以只用于人工气候室。

④水帘降温设备。一般由排风扇和水帘两部分组成。排风扇装于温室的一端（一般为南端），水帘装于温室的另一端（一般为北端）。水帘由一种特制的"蜂窝纸板"和回水槽组成。使用时冷水不断淋过水帘使其饱含水分，开动排风扇，随温室气体的流动、蒸发、吸收而起到降温作用。该系统适合于北方地区，而在南方地区效果不理想。

⑤喷雾设备。通过多功能微雾系统，将水以微米级或 $10\mu m$ 级的雾滴形式喷入温室，使其迅速蒸发，利用水的蒸发潜热大的特点，大量吸收空气中热量，然后将湿空气排除室外，从而到达降温的目的。

3. 给水设备

（1）喷灌设备

喷灌是采用水泵和水塔通过管道输送到灌溉地段，然后再通过喷头将水喷成细小水滴或雾状，既补充了土壤水分、又能起到降温和增加空气湿度的作用，还可避免土壤板结。

（2）滴管设备

滴管系统由贮水池、过滤器、水栗、肥料注入器、输入管线、滴头和控制器组成。滴管从主管引出，分布各个单独植株上。滴管不沾湿叶片，省工、省水，防止土壤板结，可与施肥结合起来进行，但设备材料费用高。

二、塑料大棚

（一）塑料大棚的作用

塑料大棚是用塑料薄膜覆盖的一种大型拱棚，它与温室相比，具有结构简单，建造和拆除方便，一次性投资少等优点。

（二）塑料大棚的类型与构造

1. 按屋顶的形状分

（1）拱圆形塑料大棚

我国绝大多数为拱圆形大棚，屋顶呈圆弧形，面积可大可小，可单栋也可连栋，建造容易，搬迁方便。

（2）屋脊形塑料大棚

采用木材或角钢为骨架的双屋面塑料大棚，多为连栋式。

2.按骨架材料分

（1）竹木结构大棚

以 3 ～ 6cm 宽的竹片为拱杆，立柱为木杆或水泥柱。其优点是造价低廉，建造容易，缺点是棚内柱子多，折光率高，作业不方便，抗风雪荷载能力差。

（2）钢架结构

使用钢筋或钢管焊接成平面或空间桁架作为大棚的骨架，这种大棚骨架强度高，室内无柱，空间大，透光性能好，但由于室内高湿对钢材的腐蚀作用强，使用寿命受到很大影响。

（3）镀锌钢管结构大棚

这种大棚的拱杆、纵向拉杆、立柱均为薄壁钢管，并用专用卡具连接形成整体。塑料薄膜用卡膜槽和弹簧卡丝固定，所有杆件和卡具均采用热镀锌防腐处理，是工厂化生产的工业产品，已形成标准、规范的产品。这种大棚为组装式结构，建造方便，并可拆卸迁移；棚内空间大，作业方便；骨架截面小，遮阴率低；构建抗腐蚀能力强；材料强度高，承载能力强，整体稳定性好，使用寿命长。

三、阴棚

（一）阴棚的功能

多数温室花卉属于半阴植物，如兰花，观叶花卉等，不耐夏季温室内的高温，一般到夏季移到温室外；另外夏季扦插、播种、上盆均需遮阴。阴棚可以减少其下光照强度，降低温度，增加湿度，减少蒸腾作用。为夏季的花卉支配管理创造适宜的环境。

（二）阴棚的种类

（1）临时性阴棚

一般在春末夏初架设，秋凉时逐渐拆除。其主架由木材、竹材等构成，上面铺设苇帘或苇秆。建造时一般采用东西延长，高 2.5 ～ 3.0m，宽 6.0 ～ 7.0m，每隔 3m 设立柱一根。为了避免上下午的阳光从东或西面照射到阴棚内，在东西两端还有设置遮阴帘，遮阴帘下缘要距离地面 60cm 左右，以利通风。

（2）永久性阴棚

骨架用铁管或水泥柱构成，其形状与临时性阴棚相同。棚架上覆盖遮阳网、苇帘、竹帘等遮阴材料，也可以使用紫藤葡萄等藤本植物遮阴。

四、风障

风障是在栽培畦的北侧按与当地季风垂直的方向设置的一排篱笆挡风屏障。在我国北方常用于露地花卉的越冬，多与温床、冷床结合使用，以提高保温能力。

（一）风障的作用

风障具有减弱风速、稳定畦面气流的作用。风障一般可减弱风速10%～50%，通常能使五六级大风在风障前变为一二级风。风障能充分利用太阳的辐射热，提高风障保护区的地温和气温。一般增温效果以有风天最显著，无风天不显著，距离风障越近增温效果越好。

（二）风障的结构和设置

风障包括篱笆、披风和基埂三个部分。

（1）篱笆

是风障的主要部分，一般高2.5～3.5m，通常使用芦苇、高粱秆、玉米秸秆、细竹等材料。具体方法是在设置垂直于风向挖深30cm的长沟，载入篱笆，向南倾斜，与地面呈70°～80°，填土压实。在距地面1.8m左右处扎一横杆，形成篱笆。

（2）披风

是附在篱笆北面基部的柴草，高1.3～1.7m，其下部与篱笆一并埋入沟中，中部用横杆扎于篱笆上。

（3）基埂

风障北侧基部培起来的土埂，为固定风障及增强保温效果，高17～20cm。

风障一般为临时设施，一般在秋末建造，到第二年春季拆除。

五、温床与冷床

温床和冷床是一种花卉栽培常用的简易、低矮的设施。不加温只利用太阳辐射热的叫冷床；除了利用太阳辐射热外，还需要人为加温的叫温床。

（一）温床与冷床的作用

（1）提前播种，提早开花

春季露地播种要在晚霜后才能进行，但春季可以利用冷床或温床把播种期提前30～40天，以提早花期。

（2）花卉越冬保护

在北方地区，有些一二年生花卉不能露地越冬，如三色堇、雏菊等，可以在冷床或温床中播种并越冬。

（3）小苗锻炼

在温室或温床育成的小苗，在移入露地前，可以先在冷床中进行锻炼，使其逐渐适应露地气候条件，而后栽于露地。

（二）温床和冷床的结构和性能

温床和冷床的形式相同，一般为南低北高的框式结构。床框用砖或水泥砌成或直接用土墙建成，可建成半地下式，并且可以在北面建造风障以提高保温性能。床框一般宽 1.2m，北面高 50 ~ 60cm，南面高 20 ~ 30cm，长度依地形而定。床框上覆盖玻璃或塑料薄膜。

温床的加温通常有发酵加温和电热线加温两种。发酵加温是利用微生物分解有机质所发出的热能，以提高床内温度。常用的酿热物有稻草、落叶、马粪、牛粪等。使用时需提前将酿热物装入床内，每 15cm 左右铺一层，装入三层，每层踏实并浇水，然后顶盖封闭，让其充分发酵。温度稳定后，再铺上一层 10 ~ 15cm 后的培养土，作扦插或播种用，也可用于盆花越冬。电热线加温是在床底铺设电热线，在接通电源，以提高苗床温度。这种加温方法发热迅速，温度均匀，便于控制，但成本较高。

第二节　园林花卉无土栽培

一、无土栽培的概念与特点

无土栽培是近年来在花卉工厂化生产中较为普及的一种新技术。它是用非土基质和人工营养液代替天然土壤栽培花卉的新技术。

无土栽培的历史虽然悠久，但是真正的发展始于 1970 年丹麦 Grodam 公司开发的岩棉栽培技术和 1973 年英国温室作物研究所的营养液膜技术（NFT）。近 30 年来，无土栽培技术发展极其迅速。目前，美国、英国、俄罗斯、法国、加拿大等发达国家广泛应用。

无土栽培的优点：①环境条件易于控制，无土栽培不仅可使花卉得到足够的水分、无机营养和空气，并且这些条件更便于人工控制，有利于栽培技术的现代化；②省水省肥，无土栽培为封闭循环系统，耗水量仅为土壤栽培的 1/7 ~ 1/5，同时避免了肥料被土壤固定和流失的问题，肥料的利用率提高了 1 倍以上；③扩大花卉种植的范围，在沙漠、盐碱地、海岛、荒山、砾石地或沙漠都可以进行，规模可大可小；④节省劳动力和时间，无土栽培许多操作管理课机械化、自动化，大大减轻劳动强度；⑤无杂草、无病虫、清洁卫生，因为没有土壤，病虫害等来源得到控制，病虫害减少了。

无土栽培的缺点：①一次性设备投资较大，无土栽培需要许多设备，如水培槽、营养液池、循环系统等，故投资较大；②对技术水平要求高，营养液的配置、调整与管理都要求有一些专业知识的人才能管理好。

二、无土栽培类型与方法

无土栽培的方式很多，大体上可分为两类：一类是固体基质固定根部的基质培；另一类是不用基质的水培。

（一）基质培及设备

在基质无土栽培系统中，固体基质的主要作用是支持花卉的根系及提供花卉的水分和营养元素。供液系统有开路系统和闭路系统，开路系统的营养液不循环利用，而闭路系统中营养液循环使用。由于闭路系统的设施投资较高，而且营养液管理比较复杂，所以在我国基质培只采用开路系统。与水培相较基质培缓冲性强、栽培技术较易掌握、栽培设备易建造，成本低，因此在世界各国的面积均大于水培，我国更是如此。

1. 栽培基质

（1）对基质的要求

用于无土栽培的基质种类很多，主要分为有机基质和无机基质两大类。基质要求有较强的吸水和保水能力、无杂质，无病虫，卫生、价格低廉，获取容易，同时还需要有较好的物理化学性质。无土栽培对基质的理化性质的要求有：

①基质的物理性状。

容重：一般基质的容重在 0.1 ~ 0.8g/cm³ 范围内。容重过大基质过于紧实，透水透气性差；容重过小，则基质过于疏松，虽然透气性好，利于根系的伸展，但不易固定植株，给管理上增加难度。

总孔隙度：总孔隙度大的基质，其空气和水的容纳空间就大，反之则小；总孔隙度大的基质较轻、疏松，利于植株的生长，但对根系的支撑和固定作用较差，易倒伏，总孔隙度小的基质较重，水和空气的总容量少。因此，为了克服单一基质总孔隙度过大和过小所产生的弊病，在实际中常将两三种不同颗粒大小的基质混合制成复合基质来使用。

大小孔隙比：大小空隙比能够反映基质中水、气之间的状况。如果大小孔隙比大，则说明空气容量大而持水量较小，反之则空气容量小而持水量大。一般而言，大小空隙比在1.5 ~ 4 范围内花卉都能良好生长。

基质颗粒大小：基质的颗粒大小直接影响容重、总孔隙度、大小空隙比。无土栽培基质粒径一般在 0.5 ~ 50mm。可以根据栽培花卉种类、根系生长特点、当地资源加以选择。

②基质化学性质。

pH 值：不同基质其 pH 值不同，在使用前必须检测基质的 pH 值，根据栽培花卉所需的 pH 值采取相应的调节。

电导率（EC）：电导率是指未加入营养液前基质本身原有的电导率，反映了基质含有可溶性盐分的多少，将直接影响到营养液的平衡。使用基质前应对其电导率了解清楚，以便于适当处理。

阳离子代换量：是指在 pH=7 时测定的可替换的阳离子含量。基质的阳离子代换量高既有不利的一面，即影响营养液的平衡；也有有利的一面，即保存养分，减少损失，并对营养液的酸碱反映有缓冲作用。一般有机基质如树皮、锯末、草炭等阳离子代换量高；无机基质中蛭石的阳离子代换量高，而其他基质的阳离子代换量都很小。

基质缓冲能力：是指基质中加入酸碱物质后，本身所具有的缓和酸碱变化的能力。无土栽培时要求基质缓冲能力越强越好。一般阳离子代换量高的基质的缓冲能力也高。有机基质都有缓冲能力，而无机基质有些有很强的缓冲能力，如蛭石，但大多数无机基质的缓冲能力都很弱。

（2）常用的无土栽培基质

①无机基质。

岩棉：岩棉是由辉绿岩、石灰岩和焦炭三种物质按一定比例，在 1600℃的高炉中融化、冷却、黏合压制而成。其优点是经过高温完全消毒，有一定形状，在栽培过程中不变形，具有较高的持水量和较低的水分张力，栽培初期 pH 值是微碱性。缺点是岩棉本身的缓冲性能低，对灌溉水要求较高。

珍珠岩：珍珠岩由硅质火山岩在 1200℃下燃烧膨胀而成。珍珠岩易于排水，通气，物理和化学性质比较稳定。珍珠岩不适宜单独作为基质使用，因其容重较轻，根系固定效果较差，一般和草炭、蛭石混合使用。

蛭石：蛭石是由云母类矿石加热到 800 ~ 1100℃形成的。其优点是质轻，孔隙度大，通透性好，持水力强，pH 值中性偏酸，含钙、钾较多，具有良好的保温、隔热、通气、保水、保肥能力。因为经过高温煅烧，无菌、无毒，化学稳定性好。

沙：为无土栽培最早应用的基质。目前在美国亚利桑那州、中东地区以及沙漠地带，都用沙做无土栽培基质。其特点是来源丰富，价格低，但容重大，持水差。沙粒的大小应适当，一般以粒径 0.6 ~ 2.0mm 为好。在生产中，严禁采用石灰岩质的沙粒，以免影响营养液的 pH 值，是一部分营养失效。

砾石：一般使用的粒径在 1.6 ~ 20mm 的范围内，砾石保水、保肥力较沙低，通透性优于沙。生产中一般选用非石灰性的为好。

陶粒：陶粒是大小均匀的团粒状火烧豆页岩，采用 800℃高温烧制而成。内部为蜂窝状的空隙构造，容重为 500kg/m³。陶粒的优点是能漂浮在水面，透气性好。

炉渣：炉渣是煤燃烧后的残渣，来源广泛，通透性好、炉渣不宜单独用作基质。使用前要进行过筛，选择适宜的颗粒。

泡沫塑料颗粒：为人工合成物质，其特点为质轻，孔隙度大，吸水力强。一般多与沙、泥炭等混合应用。

②有机基质。

泥炭：习称草炭，由半分解的植被组成，因植被母质、分解程度、矿质含量而有不同种类。泥炭容重较小，富含有机质，持水保水能力强，偏酸性，含花卉所需要的营养成分。一般通透性差，很少单独使用，常与其他基质混合使用。

锯末与木屑：为林木加工副产品，锯末质轻，吸水、保水力强并含有一定营养物质，一般多与其他基质混合使用。注意含有毒物质树种锯末不宜采用。

树皮：树皮的化学组成因树种的不同差异很大。大多数树皮含有酚类物质且 C/N 较高，因此新鲜的树皮应堆沤 1 个月以上再使用。树皮有很多种大小颗粒可供利用，在无土栽培中最常用直径为 1.5 ～ 6.0mm 的颗粒。

秸秆：农作物的秸秆均是较好的基质材料，如玉米秸秆、葵花秆、小麦秆等粉碎腐熟后与其他基质混合使用。特点是取材广泛，价格低廉，可对大量废弃秸秆进行再利用。

炭化稻壳：其特点为质轻，孔隙度大，通透性好，持水力较强，含钾等多种营养成分，pH 高，使用中应注意调整。

此外用作栽培基质的还有砖块、火山灰、花泥、椰子纤维、木炭、蔗渣、苔藓、蕨根、沼渣、菇渣等。

（3）基质的混合及配制

在各种基质中，有些可以单独使用，有些则需要按不同的配比混合使用。但就栽培效果而言，混合基质优于单一基质，有机与无机混合基质优于纯有机或纯无机混合的基质。基质混合总的要求是降低基质的容重，增加孔隙度，增加水分和空气的含量。基质的混合使用，以 2 ～ 3 种混合为宜。

（4）基质的消毒大部分基质在使用之前或使用一茬之后，都应该进行消毒，避免病虫害发生。常用的消毒方法有化学药剂消毒、蒸汽消毒和太阳能消毒等。

①蒸汽消毒。将基质堆成 20cm 高，长度根据地形而定，全部用防水防高温布盖上，用通气管通入蒸汽进行密闭消毒。一般在 70 ～ 90℃条件下消毒 1h 就能杀死病菌。此法效果良好，安全可靠，但成本较高。

②太阳能消毒。在夏季高温季节，在温室或大棚中把基质堆成 20 ～ 25cm 高，长度视情况而定，堆的同时喷湿基质，使其含水量超过 80%，然后用薄膜盖严，密闭温室或大棚，暴晒 10 ～ 15 天，消毒效果良好。

③化学药剂消毒。

甲醛：甲醛是良好的消毒剂，一般将 40% 的原液稀释 50 倍，用喷壶将基质均匀喷湿，覆盖塑料薄膜，经 24 ～ 26h 后揭膜，再风干 2 周后使用。

溴甲烷：将基质堆起，用塑料管将药剂引入基质中，使用量为 100 ～ 150g/m³，基质施药后，随即用塑料薄膜盖严，5 ～ 7 天后去掉薄膜，晒 7 ～ 10 天后即可使用。溴甲烷有剧毒，并且是强致癌物，使用时要注意安全。

2. 基质培的方法及设备

（1）槽培

槽培是将基质装入一定容积的栽培槽中以种植花卉。可用混凝土和砖建造永久性的栽培槽。目前应用较为广泛的是在温室地面上直接用砖垒成栽培槽，为降低生产成本，也可就地挖成槽再铺薄膜。总的要求是防止渗漏并使基质与土壤隔离，通常可在槽底铺2层薄膜。

栽培槽的大小和形状，取决于不同花卉，如每槽种植两行，槽宽一般为0.48m（内径）。如多行种植，只要方便田间管理就可。栽培槽的深度以15～20cm为好，槽长可由灌溉能力、温室结构以及田间操作所需走道等因素来决定。槽的坡度至少应为0.4%，这是为了获得良好排水性能，如有条件，还可在槽底铺设排水管。

基质装槽后，布设滴灌管，营养液可由水泵泵入滴灌系统后供给植株，也可利用重力法供液，不需动力。

（2）袋培

用尼龙袋或抗紫外线的聚乙烯塑料袋装入基质进行栽培。在光照较强的地区，塑料袋表面以内色为好，以便反射阳光并防止基质升温。光照较少的地区，袋表面以黑色为好，以利于冬季吸收热量，保持袋中基质温度。

袋培的方式有两种：一种为开口筒式袋培，每袋装基质10～15L，种植1株花卉；另一种为枕式袋培，每袋装基质20～30L，种植两株花卉。无论是筒式袋培还是枕式袋培，袋的底部或两侧都应该开两三个直径为0.5～1.0cm的小孔，以便多余的营养液从孔中流出，防止沤根。

（3）岩棉栽培

岩棉栽培是指使用定型的、用塑料薄膜包裹的岩棉种植垫做基质，种植时在其表面塑料薄膜上开孔，安放已经育好小苗的育苗块，然后向岩棉种植垫中滴加营养液的一种无土栽培方式。开放式岩棉栽培营养液灌溉均匀、准确使用，一旦水泵或供液系统发生故障有缓冲能力，对花卉造成的损失也较小。

岩棉栽培时需用岩棉块育苗，育苗时将岩棉根据花卉切成一定大小，除了上下两面外，岩棉块的四周用黑色塑料薄膜包上，以防止水分蒸发和盐类在岩棉块周围积累，还可以提高岩棉块温度。种子可以直播在岩棉块中，也可以将种子播在育苗盘或较小的岩棉块中，当幼苗第一片真叶出现时，再移栽至大岩棉块中。

定植用的岩棉垫一般长70～100cm，宽15～30cm，高7～10cm，岩棉垫装在塑料袋内。定植前将温室内土地平整，必要时铺上白色塑料薄膜。放置岩棉垫时，注意要稍向一面倾斜，并在倾斜方向把塑料底部钻2～3个排水孔。在袋上开两个8cm见方的定植孔，用滴灌的方法把营养液滴入岩棉块中，使之浸透后定植。每个岩棉垫种植2株。定植后即把滴灌管固定在岩棉块上，让营养液从岩棉块上往下滴，保持岩棉块湿润，促使根系迅速生长。7～10天后，根系扎入岩棉垫，可把滴灌头插到岩棉垫上，以保持根基部干燥。

（4）立体栽培

立体栽培也称为垂直栽培，是通过竖立起来的栽培柱或其他形式作为花卉生长的载体，充分利用温室空间和太阳能，发挥有限地面生产潜力的一种无土栽培形式。主要适合一些低矮花卉。立体栽培依其所用材料的硬度，又分为柱状栽培和长袋栽培。

①柱状栽培。栽培柱采用石棉水泥管或硬质塑料管，在管四周按螺旋位置开孔，植株种植在孔中的基质中。也叫采用专用的无土栽培柱，栽培柱由若干个短的模型管构成。每一个模型管上有几个突出的杯形物，用以种花卉。一般采取底部供液或上部供液的开放式滴灌供液方式。

②长袋状栽培。长袋状栽培是柱状栽培的简化，用聚乙烯袋代替硬管。栽培袋采用直径 15cm、厚 0.15mm 的聚乙烯膜，长度一般为 2m，内装栽培基项，装满后将上下两端结紧，然后悬挂在温室中。袋子的周围开一些 2.5 ~ 5cm 的孔，用以种植花卉。一般采用上部供液的开放式滴灌供液方式。

立柱式盆钵无土栽培将一个个定型的塑料盆填装基质后上下叠放，栽培孔交错排列，保证花卉均匀受光。供液管道由上而下供液。

（5）有机生态型无土栽培

有机生态型无土栽培也使用基质但不用传统的营养液灌溉，而使用有机固态肥并直接用清水灌溉花卉的一种无土栽培技术。有机生态型无土栽培用固态有机肥取代传统的营养液，具有操作简单、一次性投资少、节约生产成本、对环境无污染、产品品质优良无害的优点。

（二）水培方法与类型

水培就是将花卉的根系悬浮在装有营养液的栽培容器中，营养液不断循环流动以改善供氧条件。水培方式主要有以下几种。

1. 薄层营养液膜法（NFT）

仅有一薄层营养液流经栽培容器的底部，不断供给花卉所需营养、水分和氧气。NFT的设施主要由种植槽、贮液池、营养液循环流动三个主要部分组成。

（1）种植槽

种植槽可以用面白底黑的聚乙烯薄膜临时围合成等腰三角形槽，或用玻璃钢或水泥制成的波纹瓦作槽底。铺在预先平整压实的且有一定坡降（1：75左右）地面上，长边与坡降方向平行。因为营养液需要从槽的高端流向低端，故槽底的地面不能有坑洼，以免槽内积水。用硬板垫槽，可调整坡降，坡降不要太小，也不要太大，以营养液能在槽内浅层流动畅顺为好。

（2）贮液池

一般设在地平面以下，容量足够供应全部种植面积。大株形花卉每株 3 ~ 5L 计，小株形以每株 1 ~ 1.5L 计。

（3）营养液循环供液系统

主要由水泵、管道、过滤器及流量调节阀等组成。

NFT 的供液时营养液层深度不宜超过 1～2cm，供液方法又可分为连续式或间歇式两种类型。间歇式供液可以节约能源，也可控制花卉的生长发育，它的特点是在连续供液系统的基础上加一个定时装置。NFT 的特点是能不断供给花卉所需的营养、水分和氧气。但因营养液层薄，栽培难度大，尤其在遇短期停电时，花卉则面临水分胁迫，甚至有枯死的危险。

2. 深液流法（DFT）

这种栽培方式与营养液膜技术差不多，不同之处是槽内的营养液层较深（5～10cm），花卉根部浸泡在营养液中，其根系的通气靠向营养液中加氧来解决。这种系统的优点是解决了在停电期间 NFT 系统不能正常运转的困难。

3. 动态浮根法（DRF）

该系统是指在栽培床内进行营养液灌溉时，植物的根系随营养液的液位变化而上下左右波动。营养液达到设定的深度（一般为 8cm）后，栽培床内的自动排液器将营养液排出去，使水位降至设定深度（一般 4cm）。此时上部根系暴露在空气中可以吸收氧气，下部根系浸在营养液中不断吸收水分和养料，不会因夏季高温使营养液温度上升、氧气溶解度低，可以满足植物的需要。

4. 浮板毛管法（FCH）

该方法是在 DFT 的基础上增加一块厚 2cm、宽 12cm 的泡沫塑料板，板上覆盖亲水性无纺布，两侧延伸入营养液中。通过毛细管作用，使浮板始终保持湿润。根系可以在泡沫塑料板上生长，便于吸收水中的养分和空气中的氧气。此法根际环境稳定，液温变化小，根际供氧充分。

5. 鲁 SC 系统

又称"基质水培法"，在栽培槽中填入 10cm 厚的基质，然后又用营养液循环灌溉植物，这种方法可以稳定地供应水分和养分，所以栽培效果良好，但一次性的投资成本稍高。

三、无土栽培营养液的配制与管理

（一）营养液的配制

1. 营养液配制原则

①营养液必须含有植物生长所必需的全部营养元素。高等植物必需的营养元素有 16 种，其中碳、氢、氧由水和空气供给，其余 13 种由根部从土壤溶液中吸收，所以营养液均是由含有这 13 种营养元素的各种化合物组成。

②含各种营养元素的化合物必须是根部可以吸收的状态，也就是可以溶液水的呈离子

态的化合物。通常都是无机盐类，也有一些是有机螯合物。

③营养液中各种营养元素的数量比例应符合植物生长发育的要求，而且是均衡的。

④营养液中各营养元素的无机盐类构成的总盐浓度及其酸碱反应应是符合植物生长要求的。

⑤组成营养液的各种化合物，在栽培植物的过程中，应在较长时间内保持其有效状态。

⑥组成营养液的各种化合物的总体，在根吸收过程中造成的生理酸碱反应应是比较平衡的。

2. 营养液的组成

营养液是将含有各种植物营养元素的化合物溶解于水中配制而成，其主要原料就是水和各种含有营养元素的化合物。

（1）水无土栽培中对用于配制营养液的水源和水质都有一些具体的要求。

①水源。自来水、井水、河水、雨水和湖水都可用于营养液的配制。但无论用哪种水源都不应含有病菌，不影响营养液的组成和浓度。所以使用前必须对水质进行调查化验，以确定其可用性。

②水质。用来配制营养液的水，硬度以不超过 $10°$ 为好，pH6.5 ~ 8.5 之间，溶氧接近饱和。此外，水中重金属及其他有害健康的元素不得超过最高容许值。

（2）含有营养元素的化合物根据化合物纯度的不同，一般可以分为化学药剂、医用化合物、工业用化合物和农业用化合物。考虑到无土栽培的成本，配制营养液的大量元素时通常使用价格便宜的农用化肥。

3. 营养液配方的计算

一般在进行营养液配方计算时，应为钙的需要量大，并在大多数情况下以硝酸钙为唯一钙源，所以计算时先从钙的量开始，钙的量满足后，再计算其他元素的量。一般依次为氮、磷、钾，最后计算镁，因为镁与其他元素互不影响。微量元素需要量少，在营养液中浓度又非常低，所以每个元素单独计算，而无须考虑对其他元素的影响。无土栽培营养液配方的计算方法较多，有 3 种较常用的方法：一是百分率（10-6）单位配方计算法；二是 mmol/L 计算法；三是根据 1mg/kg 元素所需肥料用量，乘以该元素所需的 mg/kg 数，即可求出营养液中该元素所需的肥料用量。

计算顺序：①配方中 1L 营养液中需 Ca 的数量（mg 数），先求出 Ca（NO_3）$_2$ 的用量；②计算 Ca（NO_3）$_2$ 中同时提供的 N 的浓度数；③计算所需 NH_4NO_3 的用量；④计算 KNO_3 的用量；⑤计算所需 KH_2PO_4 和 K_2SO_4 的用量；⑥计算所需 $MgSO_4$ 的用量；⑦计算所需微量元素用量。

4. 营养液配制的方法

因为营养液中含有钙、镁、铁、锰、磷酸根和硫酸根等离子，配制过程中掌握不好就容易产生沉淀。为了生产上的方便，配制营养液时一般先配制浓缩贮备液（母液），然后在稀释，混合配制工作营养液（栽培营养液）。

①母液的配制。母液一般分为 A、B、C 三种，称为 A 母液、B 母液、C 母液。A 母液以钙盐为主，凡不与钙作用而产生沉淀的盐类都可配成 A 母液。B 母液以磷酸根形成沉淀的盐都可以配成 B 母液。C 母液由铁和微量元素配制而成。

②工作液的配制。在配制工作营养液时，为了防止沉淀形成，配制时先加九成的水，然后依次加入 A 母液、B 母液和 C 母液，最后定容。配置好后调整酸度和测试营养液的 pH 值和 EC 值，看是否与预配的值相符。

（二）营养液管理

（1）浓度管理营养液浓度的管理直接影响植物的产量和品质，不同植物、同一植物的不同生育期营养液浓度不同。要经常用电导仪检查营养液浓度的变化。

（2）pH 值管理

在营养液的循环过程中随着植物对离子的吸收，由于盐类的生理反应会使营养液 pH 值发生变化，变酸或变碱。此时就应该对营养液的 pH 值进行调整。所使用的酸一般为硫酸、硝酸，碱一般为氢氧化钠、氢氧化钾，调整时应先用水将酸（碱）稀释成 1 ~ 2mol/L，缓慢加入贮液池中，充分搅匀。

（3）溶存氧管理

在营养液循环栽培系统中，根系呼吸作用所需的氧气主要来自营养液中溶解氧。增氧措施主要是利用机械和物理的方法来增加营养液与空气接触的机会，增加氧气在营养液中的扩散能力，从而提高营养液中氧气的含量。

（4）供液时间与次数

栽培的供液方法有连续供液和间歇供液两种，基质栽培通常采用间歇供液方式。每天供液 1 ~ 3 次，每次 5 ~ 10min。供液次数多少要根据季节、天气、植株大小、生育期来决定。水培有间歇供液和连续供液两种。间歇供液一般每隔 2h 一次，每次 15 ~ 30min；连续供液一般是白天连续供液，夜晚停止。

（5）营养液的补充与更新

对于非循环供液的基质培，由于所配营养液一次性使用，所以不存在营养液的补充与更新。而循环供液方式存在营养液的补充与更新问题。因在循环供液过程中，每循环 1 周，营养液被植物吸收、消耗，营养液量会不断减少，回液量不足 1 天的用量时，就需要补充添加。营养液使用一段时间后，组成浓度会发生变化，或者是会发生藻类、发生污染，这是就要把营养液全部排出，重新配制。

第三节　园林花卉的促成及抑制栽培

一、促成及抑制栽培的意义

花期调控是采用人为措施，使花卉提前或延后开花的技术。其中比自然花期提前的栽培技术方式称促成栽培，比自然花期延迟的栽培称抑制栽培。我国自古就有花期调控技术，有开出"不时之花"的记载。现代花卉产业对花卉的花期调控有了更高的要求，根据市场或应用需求，尤其是在元旦、春节、五一劳动节、国庆节等节日用花，需求量大、种类多，按时提供花卉产品，具有显著的社会效益和经济效益。

二、促成及抑制栽培的原理

（一）阶段发育理论

花卉在其一生中或一年中经历着不同的生长发育阶段，最初是进行细胞、组织和器官数量的增加，体积的增大，这时花卉处于生长阶段，随着花卉体的长大与营养物质的积累，花卉进入发育阶段，开始花芽分化和开花。如果人为创造条件，使其提早进入发育阶段，就可以提前开花。

（二）休眠与催醒休眠理论

休眠是花卉个体为了适应生存环境，在历代的种族繁衍和自然选择中逐步形成的生物习性。要使处于休眠的园林花卉开花，就要根据休眠的特性，采取措施催醒休眠使其恢复活动状态，从而达到使其提前开花的目的。如果想延迟开花，那么就必须延长其休眠期，使其继续处于休眠状态。

（三）花芽分化的诱导

有些园林花卉在进入发育阶段以后，并不能直接形成花芽，还需要一定的环境条件诱导其花芽的形成。这一过程称为成花诱导。诱导花芽分化的环境因素主要有两个方面：一是低温；二是光周期。

（1）低温春化

多数越冬的二年生草本花卉，部分宿根花卉、球根花卉及木本花卉需要低温春化作用。若没有持续一段时期的相对低温，它始终不能成花。温度的高低与持续时间的长短因种类不同而异。多数园林花卉需要 0 ~ 5℃，天数变化较大，最大变动 4 ~ 56 天，并且在一定温度范围内，温度越低所需时间越短。

（2）光周期诱导

很多花卉生长到某一阶段，每一天都需要一定时间光照或黑暗才能诱导成花，这种现象叫光周期现象。长日照条件能促进长日照花卉开花，抑制短日照花卉开花。相反短日照条件能促使短日照花卉开花而抑制长日照花卉开花。所以可以人为改变光周期，就可以改变花卉的花期。

三、促进及抑制栽培的技术

（一）促成及抑制栽培的一般园艺措施

根据花卉的习性，在不同时期采取相应的栽培管理措施，应用播种、修剪、摘心及水肥管理等技术措施可以调节花期。

1. 调节花卉播种期和栽培期

不需要特殊环境诱导、在适宜的生长条件下只要生长到一定的大小即可开花的花卉种类，可以通过改变播种期和栽培期来调节开花期。多数一年生草本花卉属日中性，对光周期长短无严格要求，在适宜的地区或季节可分期播种。如翠菊的矮性品种，春季露地播种，6 ~ 7月开花；7月播种，9 ~ 10月开花；2 ~ 3月在温室播种，5 ~ 6月开花。

二年生花卉在低温下形成花芽和开花。在温度适宜的季节或冬季在温室保护下，也可调节播种期使其在不同时期开花。如金盏菊在低温下播种30 ~ 40天开花，自7 ~ 9月陆续播种，可于12月至翌年5月先后开花。

2. 采用修剪、摘心、抹芽等栽培措施

月季花、茉莉、香石竹、倒挂金钟、一串红等在适宜的条件下一年中可以多次开花的，可以通过修剪、摘心等措施可以预订花期。如半支莲从修剪到开花2 ~ 3个月。香石竹从修剪到开花大约1个月。此类花卉就可以根据需花的时间提前一定时间对其进行修剪。如一串红从修剪到开花，约20天，"五一"需要一串红可以在4月5日前后进行最后一次修剪；"十一"需要的一串红在9月5日前后进行最后一次的修剪。

3. 肥水控制

人为地控制水分，强迫休眠，再于适当时期供给水分，则可解除休眠，又可发芽、生长、开花。采用此法可促使梅花、桃花、海棠、玉兰、丁香、牡丹等木本花卉在国庆节开花。氮肥和水分充足可促进营养生长而延迟开花，增施磷肥、钾肥有助于抑制营养生长而促进花芽分化。菊花在营养生长后期追施磷、钾肥可提早开花约1周。

（二）温度处理

温度处理调节花期主要是通过温度的作用调节休眠期、成花诱导与花芽形成期、花茎伸长期等主要进程而实现对花期的控制。大部分越冬休眠的多年生草本和木本花卉以及越冬期呈相对静止状态的球根花卉，都可以采用温度处理。大部分盛夏处于休眠、半休眠状

态的花卉，生长发育缓慢，防暑降温可提前度过休眠期。

1. 增温处理

（1）促进开花

对花芽已经形成正在越冬休眠的种类，由于冬季温度较低而处于休眠状态，自然开花需要待来年春季。若移入温室给予较高的温度（20～25℃），并增加空气湿度，就能提前开花。一些春季开花的秋播草本花卉和宿根花卉在入冬前放入温室，一般都能提前开花。木本花卉必须是成熟的植株，并在入冬前已经形成花芽，且经过一段时间的低温处理。否则不会成功。

利用增温方法来催花，首先要预定花期，然后在根据花卉本身的习性来确定提前加温的时间。在加温到20～25℃、相对湿度增加到80%以上时，垂丝海棠经10～15天就能开花，牡丹需要30～35天。

（2）延长花期

有些花卉在适宜的温度下，有不断生长，连续开花的习性。但在秋冬季节气温降低时，就要停止生长和开花。若能在停止生长之前及时移入温室，使其不受低温影响，提供继续生长发育的条件，就可使它连续不断开花。如月季、非洲菊、茉莉、美人蕉、大丽花等就可以采用这种方法来延长花期。要注意的是在温度下降之前，及时加温、施肥、修剪，否则一旦气温下降影响生长后，再加温就来不及了。

2. 降温处理

（1）延长休眠期以推迟开花

一般多在早春气温回升之前，将一些春季开花的耐寒、耐阴、健壮、成熟及晚花品种移入冷室。使其休眠延长来推迟开花。冷室的温度要求在1～5℃。降温处理时要少浇水，除非盆土干透，否则不浇水。预定花期后一般要提前30天以上将其移到室外，先放在避风遮阴的环境下养护，并经常喷水来增加湿度和降温，然后逐渐向阳光下转移，待花蕾萌动后再正常浇水和施肥。

（2）减缓生长以延迟开花

较低的温度能延迟花卉的新陈代谢，延迟开花。这种措施大多用于含苞待放或开始进入初花期的花卉。如菊花、天竺葵、八仙花、月季、水仙等。处理的温度也因植物种类而异。

（3）降温避暑

很多原产于夏季凉爽地区的花卉，在适宜的温度下，能不断地生长、开花。但遇到酷暑，就停止生长，不再开花。如仙客来、倒挂金钟，为了满足夏季观花的需要，可以采用各种降温措施.使它们正常生长，进行花芽分化，或打破夏季休眠的习性，使其开花不断。

（4）模拟春化作用而提前开花

改秋播为春播的草花，为了使其在当年开花，可以用低温处理萌动的种子或幼苗，使其通过春花作用，在当年就可开花，适宜的处理温度为0～5℃。

（5）降低温度提前度过休眠期休眠器官经一定时间的低温作用后，休眠即被解除，再给予转入生长的条件，就可以使花卉提前开花。如牡丹在落叶后挖出，经过1周的低温贮藏（温度在1～5℃），再进入保护地加温催花，元旦就可以开花。

（三）光周期处理

光周期处理的作用是通过光照处理成花诱导、促进花芽分化、花芽发育和打破休眠。长日照花卉的自然花期一般为日照较长的春夏季，而要长日照花卉在日照短的秋冬季节开花，可以用灯光补光来延长光照时间。相反，在春夏季不让长日照花卉开花可以用遮光的方法把光照时间变短。对短日照花卉，在日照长的季节，进行遮光，促进开花，相反给予长日照处理，就抑制开花。

1. 光周期处理时期的计算

光周期处理开始的时期，是由花卉的临界日长和所在地的地理位置来决定的。如北纬40°，在10月初到翌年3月初的自然日长小于12h，对临界日长为12h的长日照花卉如果要在此期间开花的话就要进行长日照处理。花卉光周期处理中计算日长小时数的方法与自然日长有所不同。每天日长的小时数应从日出前20min至日落后20min计算，因为在日出前20min和日落后20min之内的太阳散射光会对花卉产生影响。

2. 长日照处理

用于长日照花卉的促成栽培和短日照花卉的抑制栽培。

（1）方法

长日照处理的方法较多，常用的主要有以下几种。

①延长明期法

在日落后或日出前给予一定时间的照明，使明期延长到该花卉的临界日长小时数以上。实际中较多采用的是日落后补光。

②暗中断法在自然长夜的中期给予一定时间照明，将长夜隔断，使连续的暗期短于该花卉的临界暗期小时数。通常冬季加光4h，其他时间加光1～2h。

③间隙照明法该法以"暗中断法"为基础，但午夜不用连续照明，而改用短的明暗周期，一般每隔10min闪光几分钟。其效果与暗中断法相同。

（2）长日照处理的光源与照度照明的光源通常用白炽灯、荧光灯，不同花卉适用光源有所差异，短日照花卉多用白炽灯、长日照花卉多用荧光灯。不同花卉照度有所不同。紫菀在10lx以上，菊花需要50lx以上，一品红需要100lx以上。50～100lx通常是长日照花卉诱导成花的光强。

3. 短日照处理

（1）方法

在日出之后至日落之前利用黑色遮光物对花卉遮光处理，使日长短于该花卉要求的临界小时数的方法称为短日照处理。短日处理以春季和夏初为宜。盛夏做短日照处理时应注意防治高温危害。

（2）遮光程度

遮光程度应保持低于各类花卉的临界光照度，一般不高于 22lx，对一些花卉还有特定的要求，如一品红不能高于 10lx，菊花应低于 7lx。

（四）应用花卉生长调节剂

花卉栽培中使用一些植物生长调节剂如赤霉素、萘乙酸、2，4-D 等，对花卉进行处理，并配合其他养护管理措施，可促进提前开花，也可使花期延后。

1. 促进诱导成花

矮壮素、氏、嘧啶醇可促进多种花卉花芽分化。乙烯利、乙炔对凤梨科的花卉有促进成花的作用；赤霉素对部分花卉有促进成花作用，另外赤霉属可替代二年生花卉所需低温而诱导成花。

2. 打破休眠，促进花芽分化

常用的有赤霉素、激动素、吲哚乙酸、萘乙酸、乙烯等。通常用一定浓度药剂喷洒花蕾、生长点、球根或整个植株，可以促进开花。也可以用快浸和涂抹的方式，处理的时期在花芽分化期，对大部分花卉都有效应。

3. 抑制生长，延迟开花

常用的有三碘苯甲酸、矮壮素。在花卉旺盛生长期处理花卉，可明显延迟花期。

应用花卉生长调节剂对花卉花期进行控制时，应注意以下事项。

（1）相同药剂对不同花卉种类、品种的效应不同

如赤霉素对有些花卉，如万年青有促进成花的作用，对多数花卉如菊花，具有抑制成花的作用。相同的药剂因浓度不同，产生截然不同的效果。如生长素低浓度时促进生长，高浓度抑制生长。相同药剂在相同花卉上，因使用时期不同也产生不同效果，如 IAA 对藜的作用，在成花诱导之前使用可抑制成花，而在成花诱导之后使用则促进开花。

（2）不同生长调节剂使用方法不同

由于各种生长调节剂被吸收和在花卉体内运输的特性不同，因而各有其适宜的施用方法。如矮壮素、B9、CCC 可叶面喷施；嘧啶醇、多效唑可土壤浇灌；6-苄基腺嘌呤可涂抹。

（3）环境条件的影响

有些生长调节剂以低温为有效条件，有些以高温为有效条件，有些需长日条件中发生作用，有的则在短日照条件下起作用。所以在使用中，需按照环境条件选择合适的生长调节剂。

第四节　园林花卉露地栽培与养护

一、一二年生草本花卉的栽培与养护

（一）概念及特点

1. 一年生花卉

一年生花卉是指生活周期即经营养生长至开花结实最终死亡在一个生长季内完成的花卉。典型的一年生花卉，即在一个生长季内完成全部生活史的花卉。另一种是多年生作一年生栽培的花卉，本身是多年生花齐，但在当地作一年生栽培。原因是这类花卉不耐寒，在当地露地环境中多年生栽培时，不能安全越冬；或栽培两年后生长不良，观赏价值降低，如一串红、矮牵牛、藿香蓟等。通常春季播种，夏秋开花结实，入冬前死亡。

一年生花卉依其对温度的要求分为三种类型：①耐寒性花卉。苗期耐轻霜，不仅不受害，在低温下还可以继续生长；②半耐寒性花卉。遇霜冻受害甚至死亡；③不耐寒花卉。遇霜立即死亡，生长期要求高温。

一年生花卉多数喜阳光，排水良好的而肥沃的土壤。花期可以通过调节播种期、光照处理或加施生长调节剂进行控制。

2. 二年生花卉

从播种到开花、结实和枯亡，这整个生命周期在两年内（跨年度在两个生长季内）完成的花卉。通常包括下述两类花卉。典型的二年生花卉，即在两个生长季内完成全部生活史的花卉。多年生作二年生栽培的花卉，本身是多年生花卉，但在当地作二年生栽培。原因是这类花卉喜冷凉，怕热，在当地露地环境中多年生栽培时对气候不适应；生长不良或栽培 2 年后生长变差，观赏价值降低。如三色堇、雏菊、金鱼草等。

二年生花卉通常秋季播种，种子发芽，营养生长，翌年春季至初夏开花、结实，在炎热来临时枯死。

二年生花卉耐寒力强，又耐零度以下低温的能力，但不耐高温。苗期要求短日照，0 ~ 10℃低温下通过春化阶段，成长阶段则要求长日照，并随即在长日照下开花。

（二）繁殖要点

一二年生花卉以播种繁殖为主，多年生作一二年生栽培的种类，有些也可以进行扦插繁殖，如一串红、矮牵牛、彩叶草等。

（1）一年生花卉

在春季晚霜过后，气温稳定在花卉种子萌发的最低温度时可以露地播种，但为了提早开花，也可以在温室、温床、冷床等保护地提早播种育苗。为了延迟花期，也可以延迟播种，具体时间依计划用花时间而定。

（2）二年生花卉

二年生花卉通常在秋季播种，保证出苗后根系和营养生体有一定的时间生长即可。

（三）栽培要点

一二年生花卉的露地栽培分两种情况。一是直接应用地栽植商品种苗，这时的栽培实质上是管理；另一种是从种子开始培育花苗，一般是先在花圃中育苗，然后在应用地使用，也可以应用地直接播种，这时的栽培则包括育苗和管理两方面的内容。

1. 自育苗的栽培

露地一二年生花卉对栽培管理条件要求比较严格，在花圃中要占用土壤、灌溉和管理条件最优越的地段。栽植过程如下：

整地作畦→播种→间苗→移栽→（摘心）→定植→管理

整地作畦→播种→间苗→移栽→越冬→移栽→（摘心）→定植→管理

（1）选地与整地

①选地。绝大多数花卉要求肥沃、疏松、排水良好的土壤。其中土壤的深度、肥沃度、质地与构造等，都会影响到花卉根系的生长与分布。一二年生花卉对土壤水肥条件要求较高，因此栽培地应选择管理方便、地势平坦、光照充足、水源便利、土壤肥沃的地块。一般一年生花卉忌干燥及地下水位低的沙土，秋播花卉以黏土为宜。

②整地。整地不仅可以增进土壤的风化和有益微生物的活动，增加土壤中可溶性养分含量，还可以将土壤中的病菌害虫翻至表层，暴露于日光或严寒等环境中杀灭。

整地的时间因露地栽植时间的不同而不同。一般情况下，春季使用的土地应在上一年秋季进行；秋季使用的土地应在上茬花苗出圃后进行。整地深度依花卉种类及土壤状况而定。一二年生花卉生长周期短，根系入土不深，一般土壤翻耕 20～30cm 即可。整地的深度还因土壤质地不同而有异，沙土宜浅，黏土宜深。如果土质较差，还应将表层 30～40cm 换以好土，同时根据需要施入适量有机肥。

（2）育苗

播种。根据种子的大小采用合适的方法进行播种。

间苗。播种苗长出 1～2 枚真叶时，拔出过密的幼苗，同时拔出混杂其间的其他种或品种的杂苗及杂草。间苗时同时要去弱留强，去密留稀。从幼苗出土到长成定植苗需间苗 2～3 次，间下来的健壮小苗也可另行栽植。间苗后及时灌水，使幼苗根系与土壤密接。

移栽。经间苗后的花卉幼苗生长迅速，为了扩大营养面积继续培育，还需分栽 1～2 次，即移栽，移栽通常在花苗长出 4～5 枚真叶时进行，过小操作不便，过大易伤根。

摘心。摘除枝梢顶芽称为摘心，摘心可以控制植株的高度，使植株矮化，株丛紧凑；可以促进分枝，增加枝条数目，开花繁多；摘心还可以控制花期。草花一般可摘心 1～3 次。

适宜摘心的花卉有：万寿菊、一串红、百日草、半枝莲等。但主茎上着花多且花茎大或自然分枝能力强的种类不宜摘心，如鸡冠花、凤仙花、三色堇等。

（3）定植

将移栽过的花苗按绿化设计要求栽植到花坛、花境等应用地土壤中称为定植。移栽时要掌握土壤不干不湿。避开烈日、大风天气，一般在阴天或傍晚进行。定植包括起苗和栽植两个步骤。

起苗。起苗在幼苗长出 4～5 枚真叶时或苗高 5cm 时进行，幼苗和易移栽成活的可以裸根移栽，大苗和难成活的带土移栽。起苗时应在土壤湿润状态下进行，土壤干旱干燥时，应在起苗前一天或半天将苗床浇一次水。裸根移栽的苗，将花苗带土挖掘出，然后将苗根附着的土块轻轻抖落，随即进行栽植；带土移栽的苗，先将幼苗四周的土铲开，然后从侧方将苗挖掘出，保持完整的土球。

栽植。按一定的株行距挖穴或以移栽器打孔栽植。裸根苗将根系舒展于穴中，不卷曲，防止伤根。然后覆土，再将松土压实；带土球苗填土于土球四周，再将土球四周的松土压实，避免将土球压碎。栽植深度与原种深度一致或深 1～2cm。移栽完毕后，以喷壶充分灌水；若光照过强，还应适当遮阴。花苗恢复生长后进行常规管理即可。

（4）栽后管理

①灌溉与排水。灌溉用水以清洁的河水、塘水、湖水为好。井水、自来水贮存 1～2 天后再用。已被污染的水不宜使用。

灌溉的次数、水量及时间主要根据季节、天气、土质、花卉种类及生长期等不同而异。花卉的四季需水不同，浇水应灵活掌握。春季逐渐进入旺盛生长时期，浇水量要逐渐增多。夏季花卉生长旺盛，蒸腾作用强，浇水量应充足。秋冬季节花卉生长缓慢，应逐渐减少浇水量。但秋冬季开花的花卉，应给予较充足的水分，以避免影响生长开花。冬季气温低，许多花卉进入休眠或半休眠期，要严格控制浇水量；同时还要看花卉的生长发育阶段，旺盛生长阶段宜多浇水，开花期应多浇水，结实期宜少浇水；最后要看土壤质地、深度、结构。黏土持水力强，排水难，壤土持水力强，多余水易排出；沙土持水力弱。一个基本原则是保证花卉根系集中分布层处于湿润状态，即根系分布范围内的土壤湿度达到田间最大持水量的 70% 左右。如遇表土较浅，下有黏土盘的情况，应少量多次，深厚壤土，水应一次灌足，待现干后再灌；黏土水分渗入慢，灌水时间应适当延长，最好采用间隙方法。

一天中灌溉时间因季节而异，一般春秋季，宜在上午 9～10 时进行；夏季宜在早晨8 时前、下午 6 时后进行；冬季宜在上午 10 时以后、下午 3 时以前进行。原则上浇水时水温应与土温接近，温差不应超过 5℃。

灌溉一般用胶管、塑料管引水灌溉；大面积的灌溉，需用灌溉机械进行沟灌、漫灌、喷灌和滴灌。

②施肥。一二年生花卉因生长发育时间较短，对肥料的需求相对较少。基肥可结合整地过程施入土中。为补充基肥的不足，有时还需要进行追肥，以满足花卉不同生长发育阶

段的需求。幼苗时期，主要促进茎叶的生长，追肥应以氮肥为主，以后逐渐增加磷、钾比例。施肥前要先松土，施用后立即浇水，避免中午前后和有风的时候追肥，也可用根外追肥方式。

③中耕除草。中耕除草的作用在于疏松表土，减少水分蒸发，增加土温，增强土壤的通透性，促进土壤中养分的分解，以及减少花、草争肥而有利于花卉的正常生长。雨后和灌溉之后，没有杂草也需要及时进行中耕。苗小中耕宜浅，以后可随着苗木的生长而逐渐增加中耕深度。

④修剪与整形。

a. 整形

一二年生花卉主要有以下几种整形形式。

丛生形：生长期间多次进行摘心，促使萌发多数枝条，使植株成低矮丛生状。

单干形：保留主干，疏出侧枝，并摘除全部侧蕾，使养分向顶蕾集中。

多干形：留主枝数个，能开出较多的花。

b. 修剪

摘心是指摘除正在生长的嫩枝顶端。摘心可以促使侧枝萌发，增加开花枝数，使植株矮化，株形圆整，开花整齐。摘心也有抑制生长，推迟开花的作用。抹芽是指剥去过多的腋芽或挖掉脚芽，限制枝数的增加或过多花朵的发生，使营养相对集中，花朵充实，花朵大，如菊花、牡丹等。剥蕾剥去侧蕾和副蕾，使营养集中供主蕾开花，保证花朵的质量，如芍药、牡丹、菊花等。

⑤越冬防寒。防寒越冬是对耐寒能力较差的花卉进行一项保护措施。我国北方地区寒冷季节，露地栽培二年生花卉必须进行防寒，否则易发生低温伤害。防寒方法很多，因地区及气候而异，常用的方法有：

a. 覆盖法

霜冻到来之前，在畦面上覆盖干草、落叶、马粪、草帘等，直到翌年春季。

b. 培土法

冬季将地上部分枯萎的宿根、球根花卉或部分木本花卉，壅土压埋或开沟压埋待春暖后，将土扒开，使其继续生长。

c. 灌水法

冬灌能减少或防止冻害，春灌有保温、增温效果。由于水的热容量大，灌水后能提高土的导热量，使深土层的热量容易传导到土面，从而提高近地表空气温度。

d. 浅耕法

浅耕可降低因水分蒸发而产生的冷却作用，同时因土壤疏松，有利于太阳热的导入，对保温和增温有一定效果。

2. 商品苗的栽培

露地栽培的一二年生花卉，可以使用花卉生产市场提供的育成苗，直接栽植在应用位置，商品苗尤其是穴盘苗有良好的根系，生长较好，使用方便、灵活，但受限于市场提供的种类。

二、宿根花卉的栽培与养护

（一）概念及特点

宿根花卉是指开花、结果后，冬季整个植株或仅地下部分能安全越冬的一类草本观赏花卉，其地下部分的形态正常，不发生变态。它包括落叶宿根花卉和常绿宿根花卉。

（1）落叶宿根花卉

指春季萌芽，生长发育开花后，遇霜地上部分枯死，而根部不死，以宿根越冬，待来春继续萌发生长开花的一类草本观赏花卉。如菊花、芍药、萱草、玉簪等。

（2）常绿宿根花卉

指春季萌发，生长发育至冬季，地上部分不枯死，以休眠或半休眠状态越冬，至翌年春天继续生长发育的一类草本观赏花卉。北方大多保护越冬或温室越冬，如中国兰花、君子兰等。

宿根花卉的常绿性及落叶性会随着栽培地区及环境条件的不同而发生变化。如菊花在北方是落叶宿根花卉，在南方是常绿或半常绿宿根花卉。

原产温带的耐寒、半耐寒的宿根花卉具有休眠特性，其休眠器官芽或莲座枝需要冬季低温解除休眠，翌年萌芽生长，通常由秋季的低温与短日条件诱导休眠器官形成；春季开花的种类越冬后在长日条件下开花，如风铃草等；夏秋开花的种类需短日条件下开花或由短日条件促进开花，如秋菊、长寿花、紫菀等。

原产热带、亚热带的常绿宿根花卉，通常只要温度适宜即可周年开花。夏季温度过高可能导致半休眠，如鹤望兰等。

（二）宿根花卉的繁殖栽培要点

1. 繁殖要点

宿根花卉繁殖以营养繁殖为主，包括分株、扦插等。最普遍、最简单的方法是分株。为了不影响开花，春季开花的种类应在秋季或初冬进行分株，如芍药、荷包牡丹；而夏季开花的种类宜在早春萌芽前分株，如萱草、宿根福禄考。还可以用根蘖、吸芽、走茎、匍匐茎繁殖。此外，有些花卉也可以采用扦插繁殖，如荷兰菊、紫菀等。有时为了雨中和获得大量的植株也可采用播种繁殖，播种应种而异，可秋播或春播。播种苗有时1~2年后开花，也有5~6年后才开花。

2. 栽培要点

宿根花卉的栽培管理与一二年生花卉的栽培管理有相似的地方，但由于其自身的特点，应注意以下几个方面。

宿根花卉植株生长强壮，与一二年生花卉比较，根系强大，有不同粗壮程度的主根、侧根和须根，并且主、侧根可存活多年。栽植宿根花卉应选排水良好的土壤，一般幼苗期喜腐殖质丰富的土壤，在第二年后则以黏质土壤为佳。栽植前，整地深度应达30～40cm，甚至40～50cm，并应施入大量有机肥，以长时期维持良好的土壤结构。

由于一次栽种后生长年限较长，植株在原地不断扩大占地面积，因此要根据花卉的生长特点，设计合理密度和种植年限。株行距根据园林布置设计的目的和观赏时期确定。如鸢尾株行距30cm×50cm，2～3年分株移植一次。

播种繁殖的宿根花卉，期育苗期应注意浇水、施肥、中耕除草等工作，定植以后一般管理比较粗放，施肥可以减少。但要使其生长茂盛，花朵大，最好在春季新芽抽生时施以追肥，花前、花后可再追肥一次，秋季落叶时可在植株四周施以腐熟厩肥或堆肥。

宿根花卉与一二年生花卉相比，能耐旱，适应环境的能力较强，浇水的次数可少于一二年生花卉。但在其旺盛的生长期，仍需按照各种花卉的习性，给予适当的水分，在休眠前则应逐渐减少烧水。

宿根花卉的耐寒性较一二年生花卉强，冬季无论地上部分落叶的，还是常绿的，均处于休眠，半休眠状态。常绿宿根花卉，在南方可露地越冬，在北方应温室越冬。落叶宿根花卉，大多数可露地越冬，其通常采用措施有覆盖法、培土法、灌水法等。

三、球根花卉的栽培与养护

（一）概念及特点

球根花卉的地下部分具肥大的变态根或变态茎。植物学上称球茎、块茎、鳞茎、块根、根茎等，园林花卉生产中总称为球根。所以，球根花卉可以根据其球根的形态分为以下几种：

（1）鳞茎类

指地下部分茎极度短缩，呈扁平的鳞茎盘，在鳞茎盘上着生多数肉质鳞片的花卉。它又可分为有皮鳞茎和无皮鳞茎。有皮鳞茎是指鳞叶在鳞茎盘上呈层状排列，在肉质鳞叶的最外层有一膜质鳞片包被着，如水仙、风信子、郁金香等。这一类花卉贮藏时可置于通风阴凉处干藏。无皮鳞茎是指鳞叶在鳞茎盘上呈覆瓦状排列，在肉质鳞叶的最外层没有膜质鳞片包被，如百合等。这一类花卉在贮藏时需埋于湿润的砂中。

（2）球茎类

指地下茎膨大呈球形，它内部全为实质，表面环状节痕明显，上有数层膜质外皮，在其（球茎）顶端有较肥大的顶芽，侧芽不发达，如唐菖蒲、香雪兰等。

（3）块茎类

指地下茎膨大呈块状，它的外形不规则，表面无环状节痕，块茎顶端通常有几个发芽点，如大岩桐、马蹄莲等。

（4）根茎类

指地下茎膨大呈粗长的根茎，为肉质，具有分枝，上面有明显的节与节间，在每一节上通常可发生侧芽，尤以根茎顶端处发生较多，生长时平卧。如美人蕉、鸢尾、荷花等。

（5）块根类

指地下根膨大呈块状，芽着生在根茎分界处，块根上无芽，富含养分。如大丽花、花毛茛等。

根据球根花卉的生长发育习性又可将球根花卉分为：

（1）一年生球根花卉

球根每年更新，母球生长季结束时营养耗尽而解体，并形成新的子球延续种族。一年生球根花卉是耐寒的球根花卉，包括郁金香、藏红花等。适应自然条件下寒冷的冬季，必须在低温下至少度过几周才能正常开花，自然条件下栽培，应于秋季种植，越冬后在春季抽芽发叶露出土面并开出鲜艳的花朵。

（2）多年生球根花卉

母球在生长季结束以后不解体，多年生长的种类。多年生球根花卉多数是不耐寒的球根花卉，如仙客来、花叶芋等；也有一些耐寒的种类，如百合。自然条件下这类花卉大都有明显的休眠期，栽培条件适宜时，这类花卉可常年生长和开花。

根据球根花卉的栽培时期又可将球根花卉分为：

（1）春植球根花卉

多原产于中南非洲、中南美洲的热带、亚热带地区和墨西哥高原等地区，如唐菖蒲、朱顶红、美人蕉、大岩桐、球根秋海棠、大丽花、晚香玉等。这些地区往往气候温暖，温差较小，夏季雨量充足，因此春植球根的生育适温普遍较高，不耐寒。这类球根花通常春季栽植，夏秋季开花，冬季休眠。进行花期调控时，通常采用低温贮球，先打破球根休眠再抑制花芽的萌动，来延迟花期。

（2）秋植球根花卉

秋植球根多原产地中海沿岸、小亚细亚、南非开普敦地区和澳洲西南、北美洲西南部等地，如郁金香、风信子、水仙、球根鸢尾、番红花、仙客来、花毛茛、小苍兰、马蹄莲，这些地区冬季温和多雨，夏季炎热干旱，为抵御夏季的干旱，植株的地下茎变态肥大成球根并贮藏大量水分和养分，因此秋植球根较耐寒而不耐夏季炎热。

秋植球根花卉往往在秋冬季种植后进行营养生长，翌年春季开花，夏季进入休眠期。其花期调控可利用球根花芽分化与休眠的关系，保用种球冷藏，即人工给予自然低温过程，再移入温室催花。这种促成栽培的方法对那些在球根休眠期已完成花芽分化的种类效果最好，如郁金香、水仙、风信子等。

球根花卉一般喜阳，如美人蕉、大丽花、百合等。各种球根花卉对水分的要求不同，如水仙喜土壤湿度大，而射干耐土壤干燥。对土壤性质要求也不同，大多数的球根花卉，如美人蕉、大丽花喜肥沃、排水良好的壤土。而酢浆草适合在稍黏重的土壤中生长。

（二）繁殖要点

（1）有性繁殖

球根花卉的有性繁殖主要用于新品种的培育，另外用于营养繁殖率较低的球根花卉，如仙客来等，在商品生产中主要用播种繁殖。球根花卉的种子繁殖方法、条件及技术要求与一二年生花卉基本相同。

（2）无性繁殖

无性繁殖方法球根花卉繁殖中广泛应用，常见的有分球法、扦插法、组织培养法，以分球法最常见。

（三）栽培管理要点

露地球根花卉栽培过程一般为：整地—施肥种植种球—生长期管理—采收—贮藏。

1. 整地

球根花卉对整地、施肥、松土的要求较宿根花卉高，特别对土壤的疏松度及耕作层的厚度要求较高。因此，栽培球根花卉的土壤应适当深耕（30 ~ 40cm，甚至40 ~ 50cm），并通过施用有机肥料、掺和其他基质材料，以改善土壤结构。栽培球根花卉施用的有机肥必须充分腐熟，否则会导致球根腐烂。磷肥对球根的充实及开花极为重要，钾肥需要量中等，氮肥不宜多施。我国南方及东北等地区土壤呈酸性反应，需施入适量的石灰加以中和。

2. 土壤消毒

土壤消毒的方法有蒸汽消毒、土壤浸泡和药剂消毒、蒸汽消毒。

（1）高温消毒

利用高温杀死有害微生物，很多病菌遇 60℃ 高温 30min 即能致死，病毒经过 90℃ 高温处理 10min，杂草种子需 80℃ 高温处理 10min。因此，球根花卉蒸汽消毒一般 70 ~ 80℃ 高温处理 60min 的方法。

（2）土壤浸泡

常在温室中采用土壤浸泡的方法进行消毒，在不同种植球根花卉的季节，将土壤做成 60 ~ 70cm 宽的畦，灌水淹没，并覆盖塑料薄膜，2 ~ 3 周后去膜耕地并检测土壤 pH 值和电解质浓度。

3. 栽植

球根花卉种植时间集中在春秋两个季节，一部分在春季 3 ~ 5 月，另一部分在秋季 9 ~ 11 月。

球根较大或数量较少时，可进行穴栽；球小而量多时，可开沟栽植。如果需要在栽植穴或沟中施基肥，要适当加大穴或沟的深度，撒入基肥后覆盖一层园土，然后栽植球根。

球根栽植的深度因土质、栽植目的及种类不同而有差异。黏质土壤宜浅些，疏松土壤可深些；为繁殖子球或每年都挖出来采收的宜浅，需开花多、花朵大的或准备多年采收的可深些，栽植深度一般为球高的3倍。但晚香玉及葱兰以覆土到球根顶部为宜，朱顶红需要将球根的1/4～1/3露出土面，百合类中的多数种类要求栽植深度为球高的4倍以上。

栽植的株行距依球根种类及植株体量大小而异，如大丽花为60～100cm，风信子、水仙20～30cm，葱兰、番红花等仅为5～8cm。

4. 生长期管理

（1）浇水

一年生球根栽植时土壤湿度不宜过大，湿润即可。种球发根后发芽展叶，正常浇水保持土壤湿润。

多年生球根应根据生长季节灵活掌握水分管理。原则上休眠期不要浇水，夏秋季节休眠的只有在土壤过分干燥时给予少量水分，防止球根干缩即可，生长期则应供给充足的水分。

（2）施肥

球根花卉喜磷肥，对钾肥需求量中等，对氮肥要求较少，追肥注意肥料比例，在土壤中施足基肥。磷肥对球根的充实及开花极为重要，有机肥必须充分腐熟，否则易招致球根腐烂。追肥的原则略同于浇水，一般旺盛生长季节定期施肥。应注意观花类球根花卉应多施磷钾肥，可保证花大色艳而花葶挺直。观叶类球根花卉应保证氮肥的供应，同时也要注意不要过量，以免花叶品种美丽的色斑或条纹消失。对于喜肥的球根种类应稍多施肥料，保证植株健壮生长和开出鲜艳的花朵。休眠期则不施肥。

5. 球根栽培时的注意事项

①球根栽植时应分离侧面的小球，将其另外栽植，以免分散养分，造成开花不良。②球根花卉的多数种类吸收根少而脆嫩，折断后不能再生新根，所以球根栽植后在生长期间不宜移植。③球根花卉多数叶片较少，栽培时应注意保护，避免损伤，否则影响养分的合成，不利于开花和新球的生长，也影响观赏。④花后及时剪除残花不让结实，以减少养分的消耗，有利于新球的充实。以收获种球为主要目的的，应及时摘除花蕾。对枝叶稀少的球根花卉，应保留花梗，利用花梗的绿色部分合成养分供新球生长。⑤开花后正是地下新球膨大充实的时期，要加强肥水管理。

（四）种球采收与贮藏

1. 种球采收

球根花卉停止生长进入休眠后，大部分的种类需要采收并进行贮藏，休眠期过后再进行栽植。有些种类的球根虽然可留在地中生长多年，但如果作为专业栽培，仍然需要每年采收，其原因如下：①冬季休眠的球根在寒冷地区易受冻害，需要在秋季采收贮藏越冬；夏季休眠的球根，如果留在土中，会因多雨湿热而腐烂，也需要采收贮藏；②采收后，可将种球分出大小优劣，便于合理繁殖和培养；③新球和子球增殖过多时，如不采收、分离，常因拥挤而生长不良，而且因为养分分散，植株不易开花；④发育不够充实的球根，采收后放在干燥通风处可促其后熟；⑤采收种球后可将土地翻耕，加施基肥，有利于下一季节的栽培。也可在球根休眠期栽培其他作物，以充分利用土壤。

采收要在生长停止、茎叶枯黄而没脱落时进行。过早采收，养分还没有充分积聚于球根，球根不够充实；过晚采收则茎叶脱落，不易确定球根在土壤中的位置，采收球根时易受损伤，子球容易散失。采收时土壤要适度湿润，挖出种，除去附土，阴干后贮藏。唐菖蒲、晚香玉等翻晒数天让其充分干燥。大丽花、美人蕉等阴干到外皮干燥即可，以防止过分干燥而使球根表面皱缩。秋植球根在夏季采收后，不宜放在烈日下暴晒。

2.贮藏方法

贮藏前要除去种球上的附土和杂物，剔除病残球根。如果球根名贵而又病斑不大，可将病斑用刀剔除，在伤口上涂抹防腐剂或草木灰等留用。容易受病害感染的球根，贮藏时最好混入药剂或用药液浸洗消毒后贮藏。

球根的贮藏方法因球根种类不同而异。对于通风要求不高，需保持一定湿度的球根种类如大丽花、美人蕉等，可采用埋藏或堆藏法。量少时可用盆、箱装，量大时堆放在室内地上或窖藏。贮藏时，球根间填充干沙、锯末等。对要求通风良好、充分干燥的球根，如唐菖蒲、球根鸢尾、郁金香等，可在室内设架，铺上席箔、苇帘等，上面摊放球根。如设多层架子，层间距为30cm以上，以利通风。少量球根可放在浅箱或木盘上，也可放在竹篮或网袋中，置于背阴通风处贮藏。

球根贮藏所要求的环境条件也因球根种类不同而异。春植球根冬季贮藏，室温应保持在4～5℃，不能低于0℃或高于10℃。在冬季室温较低时贮藏，对通风要求不严格，但室内也不能闷湿。秋植球根夏季贮藏时，首要的问题是保持贮藏环境的干燥和凉爽，不能闷热和潮湿。球根贮藏时，还应注意防止鼠害和病虫的危害。

多数球根花卉在休眠期进行花芽分化，所以其贮藏条件的好坏，与以后开花有很大关系，不可忽视。

四、水生花卉的栽培与养护

（一）概念及特点

1.水生花卉的含义

水生花卉是指终年生长在水中、沼泽地、湿地上，观赏价值高的花卉，包括一年生花卉、宿根花卉、球根花卉。

2.类型

按其生态习性及与水分的关系，可分为挺水类、浮水类、漂浮类、沉水类等。

①挺水类。根扎于泥中，茎叶挺出水面，花开时离开水面，是最主要的观赏类型之一。

对水的深度要求因种类不同而异，多则深达 1 ~ 2m，少则至沼泽地。属于这一类的花卉主要有荷花、千屈菜、香蒲、菖蒲、石菖蒲、水葱、水生鸢尾等。

②浮水类。根生于泥中，叶片漂浮水面或略高出水面，花开时近水面。是主要的观赏类型，对水的深度要求也因种类而异，有的深达 2 ~ 3m。主要有睡莲、芡实、王莲、菱、荇菜等。

③漂浮类。根系漂于水中，叶完全浮于水面，可随水漂移，在水面的位置不易控制。属于这一类型的主要有凤眼莲、满江红、浮萍等。

④沉水类。根扎于泥中，茎叶沉于水中，是净化水质或布置水下景色的素材，许多鱼缸中使用的即是这类花卉。属于这一类的有玻璃藻、黑藻、莼菜等。

3. 特点

绝大多数水生花卉喜欢光照充足、通风良好的环境。但也有能耐半阴条件者，如菖蒲、石菖蒲等。

水生花卉因其原产地不同对水温和气温的要求不同。其中较耐寒的如荷花、千屈菜、慈姑等，可在我国北方地区自然生长；而王莲等原产热带地区的在我国大多数地区需行温室栽培。水生花卉耐旱性弱，生长期间要求有大量水分（或有饱和水的土壤）和空气。它们的根、茎和叶内有通气组织的气腔与外界互相通气，吸收氧气以供应根系需要。

（二）繁殖要点

水生花卉多采用分生繁殖，有时亦采用播种繁殖。分株一般在春季萌芽前进行。播种法应用较少，大多数水生花卉种子干燥后即丧失发芽能力，成熟后即行播种，或贮藏在水中。

（三）栽培要点

栽培水生花卉的水池应具有丰富的塘泥，其中必须具有充足的腐熟有机质，并且要求土质黏重。由于水生花卉一旦定植，追肥比较困难，因此，须在栽植前施足基肥。已栽植过水生花卉的池塘一般已有腐殖质的沉积，视其肥沃程度确定是否施肥。新开挖的池塘必须在栽植前加入塘泥并施入大量的有机肥料，如堆肥、厩肥等。

各种水生花卉，因其对温度的要求不同而采取不同的栽植和管理措施。耐寒的水生花卉直接栽在深浅合适的水边和池中，冬季不需保护。休眠期间对水的深浅要求不严。半耐寒的水生花卉栽在池中时，应在初冬结冰前提高水位，使根丛位于冰冻层以下，即可安全越冬。少量栽植时，也可掘起贮藏或春季用缸栽植，沉入池中，秋末连缸取出，倒出积水。冬天保持缸中土壤不干，放在没有冰冻的地方即可。不耐寒的种类通常都盆栽，沉到池中，也可直接栽到池中，秋冬掘出贮藏。

有地下根茎的水生花卉一旦在池塘中栽植时间较长，便会四处扩散，以致与设计意图相悖。因此，一般在池塘内需建种植池，以保证其不四处蔓延。漂浮类水生花卉常随风而动，因根据当地情况确定是否种植，种植之后是否固定位置。如需固定，可加拦网。

清洁的水体有益于水生花卉的生长发育，水生花卉对水体的净化能力是有限的。水体静止容易滋生大量藻类，水质变浑浊，小范围内可以使用硫酸铜除去；较大范围可利用生物抗结，放养金鱼藻或河蚌等软体动物。

五、仙人掌及多浆花卉栽培与养护

（一）概念及特点

1. 概念

多浆植物（又叫多肉植物），多数原产于热带、亚热带干旱地区或森林中；植物的茎、叶具有发达的贮水组织，是呈肥厚而多浆的变态植物。多浆植物在花卉学分类上分别属于50个不同的科，集中分布在仙人掌科、大戟科、番杏科、萝摩科、景天科、龙舌兰科、百合科、菊科8个科。

2. 分类

为了栽培管理及分类上的方便，常将仙人掌科植物另列一类，为仙人掌类植物；而将仙人掌科以外的其他科多浆植物（55科左右），称为多浆植物。

（1）仙人掌类植物

仙人掌类植物共同特征为，茎粗大或肥厚，常呈球状、片状、柱状，肉质而多浆，通常具有刺座；刺座上着生刺与毛；叶一般退化或仅短期存在。

多数仙人掌类植物原产美洲。从产地生态环境类型上区分，可分为沙漠仙人掌和丛林仙人掌两类，目前室内栽培的种类绝大多数原产沙漠，如金琥。少数种类来自热带丛林，如蟹爪。

（2）多浆花卉

多浆花卉指茎、叶肥厚而多浆，具有发达的贮水组织，含水量高，大部分生长于干旱或一年中至少有一段时期为干旱地区且能长期生存的一类花卉。多浆花卉分布于干旱或半干旱地区，以非洲最为集中。其共同特点是具有肥厚多浆的茎或叶，或者茎叶同为多浆的营养器官。

3. 特点

（1）温度

大部分的仙人掌及多浆类植物原产于热带、亚热带地区，一般都在18℃以上时才开始生长，有些种类甚至要到28℃以上才能生长。虽然仙人掌及多浆类植物生长在高温地区，对高温产生种种适应，但持续的高温对其生长是不利的，因为它们生长在干旱地区，在高温条件下，气孔常关闭，不可能像其他植物那样通过蒸腾作用来散发体内温度，因此它们不能忍受持续的高温。在栽培中温度达到38℃以上时，它们大多生长迟缓或完全停止生长而呈休眠或半休眠状态。另外，除了少数生长在高山地带的种类外，绝大多数的仙人掌和多浆类植物都不能忍受 5℃以下的低温，如果温度继续下降到 0℃，就会发生冻害。

对大多数的仙人掌及多浆类植物而言，生长最适宜的温度是 20 ~ 30℃，少数种类生长适温 25 ~ 35℃，而冷凉地带原产的种类维持在 15 ~ 25℃。绝大多数的仙人掌类在生长期间要求保持较大的昼夜温差。

（2）光照

沙漠仙人掌类和原产沙漠的多浆花卉喜欢充足的阳光。在生长旺盛的春季和夏季应特别注意给予充足的光照。若光线不足会使植物体颜色变浅，株形非正常伸长而细弱。丛林仙人掌喜半阴环境，以散射光为宜。

另外，仙人掌及多浆植物幼苗较成株所需光照较少，幼苗在生出健壮的刺以前，应避免全光照射。

（3）通气条件

大多数的仙人掌及多浆类植物生长在沙漠半沙漠地区，该地区的环境空旷，所以通气条件非常好，所以原产在这里的植物都要求很好的通气条件，否则会出现生长不良和病虫害多发。

（4）水分与空气湿度

仙人掌及多浆类植物大多数较耐干旱，有些大型的球形植株，1 ~ 2 年不浇水也不会干死。但能耐干旱不等于就是要求干旱，因此在栽培这类植物时不能忽视合理的浇水，特别在生长旺盛期必须经常注意补充水分。而进入休眠阶段，就要适当控制水分。

除土壤水分外，空气湿度对这类植物也很重要。原产热带雨林的附生型的种类，特别要求较高的空气湿度。而陆生型的种类，对空气湿度也有一定要求。如果植株长时间处于空气干燥的环境中，植株的茎、叶颜色暗淡没有光泽，有些则会发生叶尖或叶缘干枯，或叶面出现焦斑。对大多数仙人掌及多浆类植物而言，栽培环境的相对湿度保持在 60% 左右是比较合适的。

（二）繁殖要点

仙人掌及多浆类较容易，常用的方法为扦插、分株与播种，嫁接在仙人掌科中应用最多。

（三）栽培要点

沙漠地区的土壤多由沙与石砾组成，有极好的排水、通气性能，同时土壤的氮及有机质含量也很低。因此用完全不含有机质的矿物基质，如矿渣、花岗岩碎砾、碎砖屑等栽培沙漠型多浆花卉，其结果和用传统的人工混合园艺基质一样非常成功，矿物基质颗粒的直径以 2 ~ 16mm 为宜。基质的 pH 值很重要，一般以 pH 值在 5.5 ~ 6.9 最适，pH 值不要超过 7.0，某些仙人掌在 pH 值超过 7.2 时，很快失绿或死亡。

附生型多浆花卉的基质也需要有良好的排水、透气性能，但需含丰富的有机质并常保持湿润才有利于生长。

多浆花卉大都有生长期与休眠期交替的节律。休眠期中需水很少，甚至整个休眠期中可完全不浇水，保持土壤干燥能更安全越冬。植株在旺盛生长期要严格而有规律地给予充足的水分，原则上 1 周应浇 1 或 2 次水，两次浇水之间应注意上次浇水后基质完全干燥再浇第二次水，不要让基质总是保持湿润状态。丛林仙人掌则应浇水稍勤一些。

多毛及植株顶端凹人的种类，浇水时不要从上部浇下，应靠近植株基部直接浇入基质为宜，以免造成植株腐烂。植株根部不能积水，以免造成烂根。

水质对多浆花卉很重要，忌用硬水及碱性水。水质最好先测定，pH 值超过 7.0 时应先人工酸化，使 pH 值降至 5.5 ~ 6.9。

欲使植株快速生长，生长期中可每隔 1 ~ 2 周施液肥 1 次，肥料宜淡，总浓度以 0.05% ~ 0.2% 为宜，施肥时不沾在茎、叶上。

休眠期不施肥，要求保持植株小巧的也应控制肥水。附生型要求较高的氮肥。

六、园林花卉温室栽培与养护

在园林花卉栽培中使用温室，为花卉栽培提供了良好的物质环境条件。但是要取得良好的栽培效果，还必须掌握全面精细的栽培管理技术。即根据花卉的生态习性，采用相应的管理技术措施，创造最适宜的环境条件，取得优异的栽培效果，达到优质、低成本、栽培期短、产量高的生产要求。温室栽培花卉有地栽和盆栽两种形式。生产上以盆栽为主。

（一）栽培容器的种类与选择

花盆是重要的栽培器具，其种类很多，通常的花盆为素烧盆或称瓦盆，适用于花卉生长，价格便宜。塑料盆亦大量用于花卉生产中，它具有轻便、不易破碎和保水能力强的特点。此外应用的还有紫砂盆、水泥盆、木桶等，它们各自有自己的特点，在花卉栽培时要根据具体情况选择合适质地的花卉。

（二）盆栽时注意事项

（1）容器的规格

容器的规格会影响花卉在确定时间内所能达到的规格和质量。容器的规格要合适，过大或过小都不利于花卉生长。容器太小，所装基质少，供水供肥能力低，出现窝根或生长不良的现象，严重时甚至停止生长；容器过大，相应提高生产费用，花卉不能充分利用容器所提供的空间和生长基质，有时栽培花卉会因花盆过大导致生长不良。

（2）容器的排水状况

容器的排水性除了与容器的材质关系极大以外，还与容器深度有关。容器越深，排水状况就越好。但是，如果栽培基质的透气性、保水性、排水状况都颇为优良，则容器深度对花卉生长影响可以忽略不计。

（3）容器的颜色

深色的容器在阳光下会升温；浅色容器可以降低基质的温度。

（4）经济成本

不同的容器材质，成本相差较大。塑料盆、瓦盆等容器价格相对比较低廉，而陶瓷盆价格比较昂贵。因此，在选择容器时，应根据经济实力选用经济实用的栽培容器。

七、培养土的材料及其配制

培养土又叫营养土，是人工配制的专供盆花栽培用的一种特制土壤。盆栽观赏花卉由于盆土容积有限，花卉的根系局限于花盆中，要求培养土必须养分充足，具有良好的物理性质。一般盆栽花卉要求培养土，一要疏松，空气流通，以满足根系呼吸的需要；二要水分渗透性能良好，不会积水；三要能固持水分和养分，不断供应花卉生长发育的需求；四要培养土的酸碱度适应栽培花卉的生态要求；五是不允许有害微生物和其他有害物质的滋生和混入。因此，培养土必须按照要求进行人工配制。

（一）配制培养土的材料

用于配制培养土的材料很多，配制培养土要有良好的材料，但也要从实际出发，就地取材，降低费用。

1. 园田土

园田土又叫园土，即指耕种过的田地里耕作层的熟化土壤。这是配制培养土的基本材料，也是主要成分，经过堆积、暴晒、粉碎、过筛后备用。

2. 腐叶土和山林腐殖土

（1）腐叶土

是由人工将树木的落叶堆积腐熟而成。秋季将各种落叶收集起来，拌以少量的粪肥和水，经堆积腐熟而成。腐熟后摊开晒干，过筛备用。腐叶土是配制培养土应用最广泛的一种材料。

（2）山林腐殖土

是指在山林中自然堆积的腐叶土。若离林区较近，可到山林中挖取已经腐烂变成黑褐色，手抓成粉末状，比较松软的腐叶土。

腐叶土含有大量的有机质，疏松，透气，透水性能好，保水保肥能力强，质轻，是优良的盆栽用土，适于栽植多种盆花，如各种秋海棠、仙客来、大岩桐以及多种天南星科观叶观赏花卉、多种地生兰花、多种观赏蕨类花卉等。

3. 堆肥土

堆肥土又称腐殖土。各种花卉的残枝落叶、各种农作物秸秆及各种容易腐烂的垃圾废物都可以作为原料，经过堆积腐熟、过筛后，便可作为盆栽用土。堆肥土稍次于腐叶土，但仍是优良的盆栽用土。堆肥土使用前要进行消毒，杀灭害虫、虫卵、病菌及杂草种子。

4. 泥炭

泥炭土又称草炭土。泥炭土是由低洼积水处生长的花卉不断积累后在淹水、嫌气条件下形成，为酸性或中性土。泥炭土含有大量的有机质，疏松，透气、透水性能好，保水保肥能力强，质地轻，无病菌和虫卵，是优良的盆花用土。

在我国西南、华中、华北及东北有大量泥炭土分布。目前，在世界上的盆栽观赏花卉，尤其是观赏花卉生产中，多以泥炭土为主要的盆栽基质。

5. 河沙

河沙常作为配制培养土的透水材料，以改善培养土的排水性能。河沙的颗粒大小随栽培观赏花卉的种类而异，一般情况下沙粒直径在 0.2 ~ 0.5mm 为宜，但作为扦插基质，颗粒应在 1 ~ 2mm。

6. 珍珠岩

珍珠岩是粉碎的岩浆岩加热至 1000℃以上膨胀形成的，具有封闭的多孔性结构，质轻通气好、无营养成分。

7. 蛭石

蛭石属硅酸盐材料，在 800 ~ 1100℃高温下膨胀而成，疏松、透气、保水，配在培养土中使用。容易破碎而致密，使通气和排水性能变差，最好不作长期盆栽花卉的材料用。如作扦插基质，应选较大的颗粒。

8. 草木灰

草木灰即秸秆、杂草燃烧后的灰，南方多为稻壳在寡氧条件下烧成的灰，叫砻糠灰；草木灰能增加培养土疏松、通气、透水的性能，并可提高钾素营养，但需堆积 2 ~ 3 个月，待碱性减弱后才能使用。

9. 锯末

锯末经堆积腐熟后，晒干备用。锯末是配制培养土较好的材料，与园土或其他基质混合配制，适宜栽植各类盆花。

10. 煤渣

煤渣作盆栽基质，经过粉碎、过筛，筛去粉末和直径 1mm 以下的渣块，选留直径 2 ~ 5mm 的颗粒，与其他基质配合使用。

11. 树皮

树皮主要是松树皮和较厚而硬的树皮，具有良好的物理性能，作为附生花卉的栽培基质。破碎成 1.5 ~ 2cm 的碎块，只作为填充料，而且必须经过腐熟后才能使用，能够代替蕨根、苔藓作为附生花卉的栽培基质。

12. 苔藓

苔藓又叫泥炭藓，是生长在高寒地区潮湿地上的苔藓类植物，我国东北和西南高原林区有分布。其十分疏松，有极强的吸水能力和透气能性。泥炭藓以白色为最好，茶褐色次之，是一些兰花较好的栽培基质。

13. 蕨根

蕨根是指紫萁的根，呈黑褐色，耐腐朽，是热带附生兰花及天南星科观赏花卉、凤梨科观赏花卉及其他附生观赏花卉栽培中十分理想的材料。用蕨根和苔藓一起作盆栽材料，既透气、排水又能保湿。常与苔藓配合使用栽植热带附生类喜阴观赏花卉，效果很好。

14. 陶粒

陶粒是用黏土经煅烧而成的大小均匀的颗粒，一般分为大号和小号，大号直径约为1.5cm，小号直径大约为0.5cm。栽培喜好透气性的花卉时，可先在花盆底部铺一些大陶粒，然后铺小陶粒，再放培养土，以提高透气性，效果非常好。

（二）培养土的配制

盆花种类繁多，原产地不同，对盆土的要求也不尽相同。根据各类观赏花卉的要求，应将所需材料按一定比例进行混合配制。一般盆花常规培养土的配制主要有三类，其配制比例是：

（1）疏松培养土

园土 2 份，腐叶土 6 份，河沙 2 份。

（2）中性培养土

园土 4 份，腐叶土 4 份，河沙 2 份。

（3）黏性培养土

园土 6 份，腐叶土 2 份，河沙 2 份。

以上各类培养土，可根据不同观赏花卉种类的要求进行选用。一般幼苗移栽、多浆花卉宜选用疏松培养土，宿根、球根类观赏花卉宜选用中性培养土。木本观赏花卉宜选用黏性培养土。

在配制培养土时，还应考虑施入一定数量的有机肥作基肥，基肥的用量应根据观赏花卉的种类、植株大小而定。基肥应在使用前 1 个月与培养土混合。

（三）培养土的消毒

培养土的消毒方法与无土栽培基质消毒相同。

八、园林花卉的盆栽技术

（一）上盆

在盆花栽培中，将花苗从苗床或育苗容器中取出移入花盆中的过程称上盆。上盆时，首先应注意选盆，一般标准是容器的直径或周径应与植株冠幅的直径或周径接近相等。其次应根据花卉种类选用合适的花盆，根系深的花盆要用深桶花盆，不耐水湿的花卉用大水孔的花盆。花盆选好后，对新盆要退火，即新瓦盆应先浸水，让盆壁充分吸水后再上盆栽苗，防止盆壁强烈吸水而损伤花卉根系。旧花盆使用前应刮洗干净，以利于通气透水。

上盆方法是：先用瓦片盖住盆底排水孔，填入粗培养土 2 ~ 3cm，再加入一层培养土，放入植株，再向根的四周填加培养土，把根系全部埋住后，轻提植株使根系舒展，并轻压根系四周培养土，使根系与土壤密接，然后继续加培养土至盆口 2 ~ 3cm 处。上完盆后应立即浇透水，需浇 2 ~ 3 遍，直至排水孔有水排出，放在庇荫处 4 ~ 5 天后，逐渐见光，以利缓苗，缓苗后可正常养护。

（二）换盆和翻盆

（1）换盆

随着植株的不断长大，需将小盆逐渐换成与植株相称的大盆，在换盆的同时更换新的培养土。

（2）翻盆

只换培养土不换盆，以满足花卉对养分的需要。

（3）更换次数

一般一二年生花卉从小苗至成苗换盆 2 ~ 3 次，宿根花卉、球根花卉成苗后 1 年换 1 次，木本花卉小苗每年换盆 1 次，木本花卉大苗 2 ~ 3 年换盆或翻盆 1 次。

（4）更换时间

换盆和翻盆的时间多在春季进行。多年生花卉和木本花卉也可以在秋冬停止生长进行；观叶盆栽应该在空气湿度大的雨季进行；观花花卉除花期不宜换盆外，其他时间均可。

换盆或翻盆前，应停止浇水，使盆土稍干燥，便于植株倒出。倒出植株后，先除去根部周围的土。但必须保留根系基部中央的护根土。剪去烂根和部分老根，然后放入花盆，填入新的培养土。浇透水放置荫蔽处 4 ~ 5 天后，可逐渐见光，待完全恢复正常生长后，即转入正常养护。

（三）转盆

为了防止植株偏向一方生长，破坏株形，应定期转盆，使植株形态匀称，愈喜光的花卉，影响愈大；生长期影响大，休眠期影响小；生长快影响大，生长慢影响小。一般生长旺盛时期 7 ~ 10 天转一次盆，生长缓慢时期 15 ~ 20 天转一次盆，每次转盆 180°。

（四）盆花施肥

盆花施肥应根据肥料的种类，严格掌握施肥方法和施肥量。盆栽观赏花卉因土壤容量和特定生长环境条件所限，应掌握"少、勤、巧、精"的施肥原则。

盆栽花卉的基肥，应在上盆或换盆、翻盆时施用，适宜的肥料有饼肥、粪肥、蹄片和羊角等。基肥的施用量不要超过盆土的 20%，与培养土混合均匀施入。

追肥以薄肥勤施为原则，通常可以撒施和灌施。撒施是将腐熟的饼肥等撒入花盆中，但注意要求撒到花盆边缘，不能太靠近植株，撒后浇水。灌施时如果是饼肥或粪肥，需要经浸泡发酵后，再稀释才能使用，稀释浓度为 15% ~ 25%。如果施用化学肥料，追施过量易使花卉造成伤害，因此应进行灌施，不同肥料种类的施用方法及施用量不同，一般为：

氮肥：尿素、硫酸铵、硝酸铵等，在观食花卉生育过程中宜作追肥，用 0.1% ~ 0.5% 的溶液追施。

磷肥：过磷酸钙、钙镁磷肥、磷矿粉等，可用 1% ~ 2% 的浸泡液（浸泡一昼夜）作追肥，也可以用 0.1% 的水溶液作根外追肥；磷酸二铵可用 0.1% ~ 0.5% 的水溶液作追肥。

钾肥：主要有硫酸钾、硝酸钾、氢氧化钾等，适于球根类观赏花卉，可以做基肥和追肥。基肥用量为盆土的 0.1% ~ 0.2%，追肥为 0.1% ~ 0.2% 的水溶液。

（五）盆花浇水

1. 浇水原则

盆花的浇水原则是"干透浇透，浇透不浇漏"，干透是指当盆土表层 2cm 的土壤发白的时候。栽培时一般可以通过"看、捏、听、提"的方法来判断。"看"一般盆土表面失水发白时，是浇水的适宜时间；土壤颜色深时，说明盆土不缺水，不需浇水；"捏"手捏盆土表面，如土硬，用手指捏土成粉状，说明需要浇水。若土质松软，手捏盆土呈片状，则不需浇水；"听"用手指或木棍轻敲盆壁，如声音清脆时，说明盆土已干，需要浇水，若声音沉闷，则不需要浇水；"提"如用塑料盆栽种，可用一只手轻轻提起盆，若花盆底部很轻，则表示缺水，如果很沉，则不需要浇水。当有少量的水从排水孔流出时就是"浇透"了。如果水呈柱状从排水孔中流出则是"浇漏"了，"浇漏"后培养土中大量的养分会随水流出，造成花卉营养不良。

2. 盆花浇水时注意事项

（1）水质

盆栽花卉的根系生长局限在一定的空间里，因此对水质的要求比露地花卉高。一般可供饮用的地下水、湖水、河水可作适宜的浇花用水。但硬水不适于浇灌原产于南方酸性土壤的观赏花卉。源于原产热带和亚热带地区的观赏花卉，最理想的用水是雨水。自来水中氯的含量较多，水温也偏低，不宜直接用来浇花，应将自来水存放 2 ~ 3 天，使氯挥发，待水温和气温接近时再浇花。水温和土温的差距不应超过5℃。

（2）浇水量

根据花卉的种类及不同生育阶段确定浇水次数、浇水时间、浇水量。草本花卉本身含水量大、蒸腾强度也大，所以盆土应经常保持湿润。木本花卉则可掌握干透浇透的原则。蕨类植物、天南星科植物、秋海棠科植物等喜湿花卉要保持较高的空气湿度。多浆植物等旱生花卉要少浇。生长旺盛时期要多浇，开花前和结实期要少浇，盛花期要适当多浇，如果盆花在旺盛生长季节需水量大时，可每天向叶面喷水，以提高空气湿度。一般高温、高湿会导致病虫害的发生，低温、高湿易导致发生烂根现象，浇水时应多加注意。进入休眠期时浇水量应依花卉种类不同而减少或停止，解除休眠进入生长浇水量逐渐增加。

有些花卉对水分特别敏感，若浇水不慎会影响生长和开花，甚至死亡。如大岩桐、蟆叶秋海棠、非洲紫罗兰、荷包花等叶面有茸毛，不宜喷水，否则叶片易腐烂。尤其不应在傍晚喷水；有些花卉的花芽与嫩叶不耐水湿，如仙客来的花芽、非洲菊的叶芽，水湿太久易腐烂；墨兰、建兰叶片发现病害时，应停止叶面喷水等。

不同栽培容器和栽培土对水分的需求不同，瓦盆通过蒸发丧失的水分比花卉消耗的多，因此浇水要多些；塑料盆保水率强一般供给瓦盆水量的1/3就足够了。疏松土壤多浇，黏重土壤少浇。

3. 浇水方法

（1）浸盆

多用于播种育苗与移栽上盆期，先将盆坐入水中，让水沿盆底排水孔慢慢地由下而上渗入，直到盆土表面见湿时，再将盆由水中取出。这种方法既能使土壤吸收充足水分，又能防止盆土表层发生板结，也不会因直接浇水而将种子、幼苗冲出。此法可视天气或土壤情况每隔2～3天进行一次。

（2）喷水

向植株叶面喷水，可以增加空气湿度，降低温室，冲洗掉叶片上的尘土，有利于光合作用，一般夏季天气炎热、干燥时，应适当喷水。尤其是那些原产于热带和亚热带的观赏花卉，夏季应经常喷水。冬季休眠期，要少喷或不喷。

此外，盆栽花卉还可以施行一些特殊的水分管理，如找水、放水、扣水等。找水是补充浇水，即对个别缺水的植株单独补浇，不受正常浇水时间和次数的限制。放水是指生长旺季结合追肥加大浇水量，以满足枝叶生长的需要。扣水即在花卉生长的某一阶段暂停浇水，进行干旱锻炼或适当减少浇水次数和浇水量。

第五章　园林植物病害基础知识

第一节　植物病害的基本概念

一、植物病害的概念

园林植物与人类的生活及生产关系密切，园林植物除了为人类提供舒适优美的宜居、休闲环境外，还提供人们重要的生活和经济来源，关乎人们的衣、食、住、行等多个方面。

园林植物如种苗、球根、鲜切花或植株在生长发育或贮藏、运输过程中，往往会遭受病原物侵染或处在不适宜的环境条件中，影响植物的生长发育，首先是植物的正常生理代谢受到干扰，进而导致植物的叶、花、果等部位发生变色、畸形和腐烂等病变，甚至全株死亡，降低产量及质量，造成一定的经济损失，影响植物的生产及观赏价值，这时我们称植物发生了病害。

二、植物病原

引发植物病害的主要因素叫病原。根据病原的致病特点，我们将病原分为两大类：一类是生物性病原，也叫传染性病原或侵染性病原，这类病原所引起的病害叫侵染性病害，其特点是具有传染性，在田间发病的症状表现往往是有发病中心的，呈点、片发生，消除病原后植物很难在短时间内恢复原状，如月季白粉病、月季黑斑病等。

另一类是非生物性病原，这类病原主要是由一些不适宜植物生长的环境因子，如不适宜的温度、湿度、重金属污染、光照等情况引起的，这种病害在发病部位观察不到具体的病原物，有些可以通过环境条件的改善得以缓解，又叫非侵染性病害或生理性病害。

（一）侵染性病原

侵染性病害的病原物主要包括：真菌、细菌、病毒、植原体、线虫、寄生性种子植物等。

1. 真菌

真菌（fungus）是一种真核生物，没有叶绿素，没有根、茎、叶分化，为异养微生物。按照林奈（Linneaus）分类系统，通常将真菌门分为鞭毛菌亚门、接合菌亚门、子囊菌亚门、担子菌亚门和半知菌亚门。其中，担子菌亚门大部分种类属于高等真菌，一部分种类为园林植物病原菌，多数种类具有食用和药用价值，如银耳、金针菇、牛肝菌、灵芝等，但也有豹斑毒伞、马鞍、鬼笔荤等有毒种类。半知菌亚门中约有300个属是农作物和森林病害的病原菌，还有一些属能引起人类和一些动物皮肤病的病原菌，如稻瘟病菌，可以引起苗瘟、节瘟和谷里瘟等。

真菌大小差别很大，大的如蘑菇、木耳、灵芝等，小的要借助于电子显微镜才能看到，如病毒、类菌质体等。真菌形态可分为营养体和繁殖体。营养体由许多的丝状物即菌丝组成，如夏季黄瓜上白色的毛状物就是其营养体。高等真菌的菌丝多数具有隔膜，称有隔菌丝，真菌菌丝是获得养分的机构；菌丝可以生长在寄主细胞内或细胞间隙。生长在寄主细胞内的真菌，由菌丝细胞壁和寄主原生质直接接触而吸收养分；生长在寄主细胞间隙的真菌，尤其是专性寄生真菌，从菌丝体上形成吸器，伸入寄主细胞内吸收养分，吸器的形状有小瘤状、分枝状、掌状等。

真菌的菌丝可以形成各种组织，常见的菌丝变态结构体有菌核、菌索及子座等。

真菌繁殖常有两种方式，无性繁殖和有性繁殖。无性繁殖是不经过性器官的结合而产生孢子，这种孢子称为无性孢子。主要有以下几种。

游动孢子：它是产生于孢子囊中的内生孢子。孢子囊呈球形、卵形或不规则形，从菌丝顶端长出，或着生于有特殊形状和分枝的孢囊梗上，囊中原生质裂成小块，每小块变成球形、洋梨形或肾形，无细胞壁，形成具有 1 ~ 2 根鞭毛的游动孢子。

孢囊孢子：孢囊孢子也是产生于孢子囊中的内生孢子。没有鞭毛，不能游动，其形成步骤与游动孢子相同，孢子囊着生于孢囊梗上。孢子囊成熟时，囊壁破裂散出孢囊孢子。

分生孢子：它是真菌最普遍的一种无性孢子，着生在由菌丝分化而来呈各种形状的分生孢子梗上。

厚垣孢子：有的真菌在不良的环境下，菌丝内的原生质收缩变为浓厚的一团原生质，外壁很厚，称为厚垣孢子。

有性繁殖通过性细胞或性器官的结合而进行繁殖，所产生的孢子称为有性孢子。

子实体是着生孢子的器官，相当于一个桃子的果肉部分，孢子是繁殖体的最基本的单位，相当于一个桃子的桃核。通常营养体生长到一定程度，就要分化出繁殖体。繁殖体成熟后，子实体开裂，孢子弹出，落到植株上，在合适的条件下，孢子萌发侵入植株，又长出新的菌丝。菌丝靠从植物上吸取营养生长，致使植物产生病害。一般地，真菌的有性生殖要经过质配、核配和减数分裂三个阶段，典型的真菌生活史包括无性生殖及有性生殖两部分。

2. 细菌

细菌（bacteria）是所有生物中数量最多的一类。细菌的个体非常小，目前已知最小的细菌只有 0.2μm 长，因此大多只能在显微镜下看到。细菌一般是单细胞，细胞结构简单，外层是有一定韧性和强度的细胞壁。细胞壁外常围绕一层黏液状物质，其厚薄不等，比较厚而固定的黏质层称为夹膜。在细胞壁内是半透明的细胞膜，它的主要成分是水、蛋白质和类脂质、多糖等。细胞膜是细菌进行能量代谢的场所。细胞膜内充满呈胶质状的细胞质。细胞质中有颗粒体、核糖体、液泡、气泡等内含物，但无高尔基体、线粒体、叶绿体等。细菌的细胞核无核膜，是在电子显微镜下呈球状、卵状、哑铃状或带状的透明区域。它的主要成分是脱氧核糖核酸，而且只有一个染色体组。

　　基于这些特征，细菌属于原核生物（prokaryotae）。植物细菌性病害主要发生于被子植物。目前已知的植物细菌性病害有200余种。细菌的形态一般为球状、杆状和螺旋状三种，引起植物发病的基本上都是杆状菌，其两端略圆或尖细，一般宽0.5 ~ 0.8μm，长1 ~ 3μm。在显微镜的油镜下才能看得到，大多数喜欢通气的环境，最适的温度为26 ~ 30℃，细菌繁殖迅速，感染植物在适宜条件下发病较快。绝大多数植物病原细菌不产生芽孢，但有一些细菌可以生成芽孢。芽孢对光、热、干燥及其他因素有很强的抵抗力。如果条件适宜，芽孢20 ~ 30min就繁殖一代。繁殖的方式就是一个变两个，两个变四个的裂变式。所以植物体内含菌量越高，发病也就越快，植物细菌性病害需及时抢救。尽管如此，细菌性病害的防治效果仍甚微，故一定要做到提前预防，种前土壤和种子都要消毒处理，管理时尽量避免造成伤口，发现病株及时拔除、销毁，并对其所在环境进行消毒处理。

　　大多数植物病原细菌都能游动，其体外生有丝状的鞭毛。鞭毛数通常为3 ~ 7根，多数着生在菌体的一端或两端，称极毛；少数着生在菌体四周，称周毛。细菌鞭毛的有无，鞭毛的数目、着生位置是分类上的重要依据。

3. 病毒

　　病毒（virus）是一类不具细胞结构，具有遗传、复制等生命特征的微生物。病毒比细菌更小，一般光学显微镜下不可见，只有借助电子显微镜才能见到其真面目。不同类型的病毒粒体大小差异很大，形态多为球状、杆状、纤维状、多面体等，病毒结构极其简单，仅由核酸和蛋白质衣壳组成。病毒只寄生于活体细胞，完全从宿主活体细胞获得能量进行代谢，离开宿主细胞不能存活，遇到宿主细胞会通过吸附、进入、复制、装配、释放子代病毒而显示典型的生命体特征，所以病毒是介于生物与非生物间的一种原始的生命体。

　　病毒通过自我复制方式繁殖，繁殖更迅速，病毒颗粒侵入植物体内会后，迅速随植物体液扩散到植物体全身，使植物整体带毒。其传播途径主要是接触传染，多借助媒介昆虫、伤口等传播。但其抗高温能力差，一般在50 ~ 60℃的条件下，10min左右就能失毒，55 ~ 75℃高温就能致死，所以高温能在一定程度上控制病毒病的发生。

4. 植原体

　　植原体（phytoplasma）原称类菌原体（mycoplasma-likeorganism，MLO），植原体类似于细菌但没有细胞壁，为目前发现的最小的、最简单的原核生物。植原体主要分布于植物韧皮部以及刺吸式媒介昆虫的肠道、淋巴、唾液腺等组织内，常导致植物丛枝、黄化、蕨叶等，影响植物生长。植原体常借助媒介昆虫取食、无性繁殖材料、菟丝子寄生等进行传播，但对四环素、土霉素等抗生素敏感。

5. 线虫

线虫（nematode）是无脊椎动物中线形动物门的一类微小生物体，植物受线虫危害后所表现出来的症状与一般病害表现出来的症状类似，同时，由于线虫体形较小，常需要借助显微镜等植物病理学的研究工具来进行研究，所以常将线虫作为病害病原物的一种，即作为线虫病来研究。植物线虫一般为雌雄异体，有些则为雌雄同体。它对植物的破坏除寄生于植物体外，还可传播真菌、细菌、病毒等病害，加重植物发病，是一类重要的植物病原物。常见的植物病原线虫多为不分节的乳白色透明线形体，雌雄异体，少数雌虫可发育为梨形或球形，线虫长一般不到1mm，宽0.05～0.1mm。线虫虫体通常分为头部、颈部、腹部和尾部。头部的口腔内有吻针和轴针，用以刺穿植物并吮吸汁液。

植物线虫生活史简单，由卵孵化成幼虫，再经3～4次蜕皮变成成虫，交配后雄虫死亡，雌虫产卵，线虫完成生活史的时间长短不一，有的需要一年，有的只需几天至几周。繁殖力很强，每次产卵量达500～3000粒，繁殖快的种类完成一代需几天或几个星期的时间，通常为害植物的根和茎，也可为害叶片，如仙客来线虫病、水仙茎线虫病、菊花叶枯线虫病等。

6. 寄生性种子植物

寄生性种子植物指由于缺少足够的叶绿体或某些器官退化而依赖他种植物体内营养物质生活的某些种子植物。主要属于桑寄生科、旋花科和列当科，此外也有玄参科和樟科等，约计2500种。其中桑寄生科超过总数之半。主要分布在热带和亚热带。寄生性种子植物由于摄取寄主植物的营养或缠绕寄主而使寄主植物发育不良。但有些寄生性种子植物如列当、菟丝子等有一定的药用价值。根据对寄主的依赖程度可分为绿色寄生植物和非绿色寄生植物两大类。绿色寄生植物又称半寄生植物，有正常的茎、叶，营养器官中含有的叶绿素能进行光合作用，制造营养物质；但同时又产生吸器从寄主体内吸取水和无机盐类，如桑寄生。非绿色寄生植物又称全寄生性植物，无叶片或叶片退化，无光合作用能力，其导管和筛管与寄主植物的导管和筛管相通，可从寄主植物体内吸收水、无机盐、有机营养物质进行新陈代谢，如菟丝子。

但是，并非所有发生植物病理变化过程的现象都称为病害。如异常美丽的金心黄杨和银边虎尾兰、绿菊等都是受到病原的感染所致，但因其经济价值和观赏价值较高，一般不称为病害，而被视为观赏园艺中的名花或珍品。

（二）非侵染性病原

非侵染性病原，也叫非生物性病原，主要是不适宜园林植物生长发育的环境条件。如温度过高引起灼伤，低温引起冻害，土壤水分不足导致枯萎，排水不良、积水造成根系腐烂，直至植物枯死，营养元素不足引起缺素症，还有空气和土壤中的有害化学物质及农药使用不当，等等。这类非生物因子引起的病害，不能相互传染，没有侵染过程，也称为非传染性病害。常大面积成片发生，全株发病。

非生物性病原对园林植物的影响的特点有：（1）病株在田间的分布具有规律性，一般比较均匀，往往是大面积成片发生。不先出现中心株，没有从点到面扩展的过程；（2）症状具有特异性：①除了高温热灼和药害等个别病原能引起局部病变外，病株常表现全株性发病，如缺素症、旱害、涝害等；②株间不互相传染；③病株只表现病状，无病症，病状类型有变色、祜死、落花落果、畸形和生长不良等；（3）病害发生与环境条件栽培管理措施有关，因此，若用化学方法消除致病因素或采取挽救措施，可使病态植物恢复正常，但常因为程度的不同，在症状上有一定差别。

在园林植物病害的消长过程中，人的作用非常重要。人类活动可以抑制或助长病害的发生发展，实践证明，许多病害都可经人为因素传播。

第二节 园林植物病害的症状及类型

园林植物受到病原物侵染或受到不良环境条件影响后，会发生一系列的生理、组织病变，常导致其外部形态的不正常表现，这种不正常表现称为症状，主要包括病状和病症两个方面。

一、园林植物病害的症状

植物病害的症状分为病状和病症，病状为植物本身的不正常表现，如变色、坏死、畸形、腐烂和枯萎等；而病症则为病部出现的病原物营养体和繁殖体结构，如搏层、小黑点、粉状物等。植物发生病害，病部或早或迟都会出现病状，但不一定出现病症。一般来讲，由真菌、细菌、寄生性种子植物和藻类等引起的病害，其病部多表现明显的病症，如不同颜色的霉状物、不同大小的粒状物等。

由病毒、植原体、类病毒和多数线虫等因素引起的病害，其病部生长后期无病症出现。非侵染性病害是由不适宜的环境因素引起的，所以也无病症出现。凡有病症的病害都是病状先出现，病症后出现。植物病害的症状有相对的稳定性，因此常作为病害诊断的重要依据。

二、病状的类型

1. 变色

病部细胞叶绿素被破坏或叶绿素形成受阻，花青素等其他色素增多而出现不正常的颜色，最后造成色素比例失调，但其细胞并没有死亡。叶片变色最为明显，叶片变为淡绿色或黄绿色的称为褪绿，叶片发黄的称为黄化，叶片变为深绿色与浅绿色浓淡不同的称为花叶。花青素形成过盛则叶片变紫红色。

植物病毒、植原体和非生物因子（尤其是缺素）常可引起植物变色。在实践中要注意植物正常生长过程中出现的变色与发病变色的区别。由植物病毒引起的变色，反映出病毒在基因水平上对寄主植物的干扰和破坏。

2. 坏死

植物的细胞和组织受到破坏而死亡，称为"坏死"。在叶片上，坏死常表现为叶斑和叶枯。叶斑指在叶片上形成的局部病斑。病斑的大小、颜色、形状、结构特点和产生部位等特征都是病害诊断的重要依据。病斑的颜色有黑斑、褐斑、灰斑、白斑等。病斑的形状有圆形、近圆形、梭形、不规则形等，有的病斑扩大受叶脉限制，形成角斑，有的沿叶肉发展，形成条纹或条斑。不同病害的病斑，大小相差很大，有的不足 1mm，有的长达数厘米甚至 10cm 以上，较小的病斑扩展后可汇合联结成较大的病斑。典型的草瘟病病斑由内向外可分为崩坏区（病组织已死亡并解体，呈灰白色）、坏死区（病组织已坏死，呈褐色）和中毒区（病组织已中毒，呈黄色）三个层次，坏死组织沿叶脉向上下发展，逸出病斑的轮廓，形成长短不一的褐色坏死线。许多病原真菌侵染禾草引起叶斑缺崩坏死，坏死部发达，其中心淡褐色，边缘浓褐色，外围为宽窄不等的枯黄色中毒部晕圈。有的病害叶斑由两层或多层深浅交错的环带构成，称为"轮斑""环斑"或"云纹斑"。叶枯是指叶片较大范围的坏死，病健部之间往往没有明晰的边界。禾草叶枯多由叶尖开始逐渐向叶片基部发展，而雪霉叶枯病则主要从叶鞘或叶片基部与叶鞘相连处开始枯死。叶柄、茎部、穗轴、穗部、根部等部位也可发生坏死性病斑。

3. 腐烂

植物细胞和组织被病原物分解破坏后发生腐烂，按发生腐烂的器官或部位可分为根腐、根茎腐、茎基腐、穗腐等，多种雪腐病菌还引起禾草叶腐。含水分较多的柔软组织，受病原和酶的作用，细胞浸解，组织溃散，造成软腐或湿腐。腐烂处水分散失，则为干腐。依腐烂部位的色泽和形态不同，还可区分为黑腐、褐腐、白腐、绵腐等。幼苗的根和茎基部腐烂，导致幼苗直立死亡的，称为立枯，导致幼苗倒伏的，则称为猝倒。

4. 枯梢

枝条从顶端向下枯死，甚至扩展到主干上。一般由真菌、细菌或生理原因引起，如马尾松枯梢病等。

5. 萎蔫

植物的根部和茎部的维管束受病原菌侵害，发生病变，水分吸收和水分输导受阻，引起叶片枯黄、萎凋，造成黄萎或枯萎。植株迅速萎蔫死亡而叶片仍维持绿色的称为青枯。由生物性病原引起的萎蔫一般不能恢复。一般来说，细菌性萎蔫发展快，植物死亡也快，常表现为青枯；而真菌性萎蔫发展相对缓慢，从发病到表现需要一定的时间，一些不能获得水分的部分表现出缺水萎蔫、枯死等症状。

6. 畸形

植物被侵染后发生增生性病变或抑制性病变导致病株畸形。前者有瘿瘤、丛枝、发根、徒长、膨肿，后者有矮化、皱缩。此外，病组织发育不均导致卷叶、蕨叶、拐节、畸形等。细菌、病毒和真菌等病原物均可造成畸形，它们共同的特征是当感染寄主后，或自身合成植物激素，或影响寄主激素的合成，从而破坏植物正常激素调控的时空程序。

7. 溃疡

枝干皮层、果实等部位局部组织坏死，开成凹陷病斑，病斑周围常为木栓化愈伤组织所包围，后期病部常开裂，并在坏死的皮层上出现黑色的小颗粒或小型的盘状物。一般由真菌、细菌或日灼等引起。

植物传染性病害多数经历一个由点片发病到全田发病的流行过程。在草坪上点片分布的发病中心极为醒目，称为"病草斑""枯草斑"，其形态特征是草坪病害诊断的重要依据，因而需仔细观察记载枯草斑的位置、大小、颜色、形状、结构以及斑内病株生长状态等特征。通常斑内病株较斑外健株矮小衰弱，严重发病时枯萎死亡，但是，有时枯草斑中心部位的病株恢复生长，重现绿色，或者死亡后为其他草种取代，仅外围一圈表现枯黄，呈"蛙眼"状。

三、病症的类型

常见的病症类型有如下几种：

①霉状物：病原真菌的菌丝、各种孢子梗和孢子在植物表面形成的肉眼可见的特征。一般来说，霉状物由真菌的菌丝、分生孢子或孢囊梗及孢子囊等组成。根据霉层的质地可分为霜霉、绵霉和霉层；根据霉层的颜色可分为青霉、灰霉、赤霉、黑霉、绿霉等。

②粉状物：病原真菌在病部产生各种颜色的粉状物，如白粉、黑粉、红粉等。

③点状物：病原真菌在病部产生的不同大小、形状、色泽、排列的点状结构，一般是病原真菌的繁殖机构，包括分生孢子盘、分生孢子器、子囊壳、闭囊壳等。

④颗粒状物：主要是病原真菌的菌核，是病原真菌的菌丝扭结成的休眠结构，如雪腐病、灰霉病、丝核菌综合征和白绢病的菌核等。

⑤线状物：有些病原真菌在病部产生线状物，如禾草红丝病病叶上产生的毛发状红色菌丝束。

⑥锈状物：锈菌在病部产生的黑色、褐色或其他颜色的点状物，按大小与形态可区分为小粒点、小疣点、小煤点等，为病菌的分生孢子器、分生孢子盘、子囊壳或子座等。

⑦脓状物：是细菌病害在病部溢出的含细菌菌体的脓状黏液，露珠状。空气干燥时，脓状物风干，呈胶状。

⑧伞状物或其他结构：包括病原真菌产生的伞状物、马蹄状物、角状物等。如草地上"仙人圈"发生处产生伞菌子实体，呈伞状。麦角菌在禾草或谷物类作物穗部产生的角状

菌核，称为"麦角"。

此外，在植物病部产生的索状物、伞状物、马蹄状物、膜状物均属病症，寄生性种子植物在植物病部产生的菟丝子等寄生植物体也属病症。

第三节　植物侵染性病害的发生与流行

植物侵染性病害的发生发展是寄主植物与病原物在环境因素影响下相互依存、相互斗争的结果，是一个有规律的变动过程。

一、植物侵染性病害过程

植物侵染性病害的发生有一定的过程，其侵染过程也叫病程，主要是指病原物在寄主植物的感病部位从接触开始，在适宜的环境条件下侵入植物，并在植物体内繁殖和扩展、蔓延，最后引起植物发病的过程。同时植物对病原物的侵染也会有所反应，从而发生一系列的变化。由于这两方面的作用，最后植物显示出病状。病原物的侵染过程一般分为接触期、侵入期、潜育期和发病期4个时期，但病程实际上是一个连续的侵染过程。

（一）接触期

接触期是指病原物在侵入寄主之前，与寄主植物的可侵染部位的初次直接接触，开始向侵入的部位生长或运动并形成某种侵入结构前的一段时间，也称为侵入前期。病原物的营养体或繁殖体以各种方式到达植物体，与植物感病部位（感病点）接触。如真菌的孢子、细菌等可以通过气流、雨水、生物活动等方式被带到植物体表。而接触期是病原物处于寄主体外的复杂环境中，其中包括物理、化学和生物因素的影响。这个时期是病原物能否侵入寄主的关键时期，也是病害生物防治的关键时期。近几年来植物病害防治方面取得的进展，很多都是针对这个阶段进行研究而获得的。

接触期的长短因病原物种类和形态不同而有差异。病毒、支原体和类病毒的接触和侵入几乎是同时完成的，没有接触期，细菌从接触到侵入几乎也是同时完成的。真菌的接触期长短不同，一般真菌的分生孢子寿命比较短，同寄主接触后如不能在短时间内萌发，即失去生命力；而当条件合适时，分子孢子在几小时内即可萌发侵染。

在接触期，环境条件对侵入病原物的影响因素中，以温度、湿度的影响较大。因此，病原物同寄主植物接触并不一定都能导致病害的发生。但是病原物同寄主植物感病部位接触是导致侵染的先决条件。避免或减少病原物与寄主植物接触的措施，是防病的重要手段。

（二）侵入期

侵入期是指病原物从萌发侵入寄主开始到初步建立寄生关系为止的这一段时期。病原物有各种不同的侵入途径，包括角质层或表皮的直接侵入、气孔等自然孔口的侵入、自然和人为造成的伤口侵入。病原物侵入寄主后，必须与寄主建立寄生关系，才有可能进一步发展而引起病害。侵入所需外界条件，首先是湿度，即植物体表的水滴、水膜和空气湿度。细菌只有在水滴、水膜覆盖伤口或充润伤口时才能侵入。绝大多数真菌的孢子必须吸水才能萌发，雨、露、雾在植物体表形成水滴或水膜是真菌孢子侵入的首要条件，其次是温度，真菌、细菌和线虫的侵入还受温度的影响和制约，尤其是真菌。病原物的侵入途径一般有以下三种：

1. 直接侵入

是指病原物直接穿透寄主的保护组织（角质层、蜡质层、表皮及表皮细胞）和细胞壁从而侵入寄主植物。如寄生性种子植物（主要）、线虫和部分菌物（常见）直接侵入寄主。菌物直接侵入的典型过程：落在植物表面的菌物孢子，在适宜的条件下萌发产生芽管，芽管的顶端可以膨大而形成附着胞，附着胞以分泌的黏液和机械压力将芽管固定在植物的表面，然后从附着胞顶端产生侵染丝，借助机械压力和化学物质的作用穿过植物的角质层。菌物穿过角质层后或在角质层下扩展，或随即穿过细胞壁进入细胞内，或穿过角质层后先在细胞间扩展，然后再穿过细胞壁进入细胞内。

菌物直接侵入的机制：包括机械压力和化学两方面的作用。首先，附着胞和侵染丝具有机械压力，例如麦类白粉病菌分生孢子形成的侵染丝的压力可达到 7 个大气压，能穿过寄主的角质层。其次，侵染丝分泌的毒素使寄主细胞失去保卫功能，侵染丝分泌的酶类物质对寄主的角质层和细胞壁具有分解作用。

寄生性种子植物与病原菌物具有相同的侵入方式，形成附着胞和侵染丝，侵染丝在与寄主接触处形成吸根或吸盘，并直接进入寄主植物细胞间或细胞内吸收营养，完成侵入过程。病原线虫的直接侵入是用口针不断地刺伤寄主细胞，在植物体内也通过该方式并借助化学作用扩展。

2. 自然孔口侵入

植物的自然孔口很多，包括气孔、水孔、皮孔、柱头、蜜腺等。真菌和细菌中有相当一部分是从自然孔口侵入的，病毒、类病毒一般不能从自然孔口侵入。在自然孔口中，尤其以气孔最为重要。气孔在叶表皮分布很多，下表皮的分布则更多。真菌孢子萌发形成芽管，再形成附着胞和侵染丝，然后以侵染丝从气孔侵入。存在于气孔上水膜内的细菌通过气孔游入气孔下室，再繁殖侵染。位于叶尖和叶缘的水孔几乎是一直开放的孔口，水孔与叶脉相连接，分泌出有各种营养物质的液滴，细菌利用水孔进入叶片，如水稻白叶枯病菌。有些细菌还通过蜜腺或柱头进入花器，如梨火疫病菌。少数菌物和细菌能通过皮孔侵入，如软腐病菌、马铃薯粉痂菌、苹果轮纹病菌和苹果树腐烂病菌等。

3. 伤口侵入

植物表面的各种操作，包括外因造成的机械损伤、冻伤、灼伤、虫伤；植物自身在生长过程中产生一些自然伤口，如叶片脱落后的叶痕和侧根穿过皮层时所形成的伤口等，都可能是病原物侵入的途径。所有的植物病原原核生物、大部分的病原真菌、病毒、类病毒可通过不同形式造成的伤口侵入寄主。

各种病原物都有一定的侵入途径：病毒只能从微伤口侵入；细菌能从伤口和自然孔口侵入；真菌可从伤口、自然孔口侵入，也能穿透植物表皮直接侵入；线虫、寄生性种子植物可侵入受害组织。

（三）潜育期

潜育期指从病原物侵入后和寄主建立寄生关系到出现明显症状的阶段，是病原物在植物体内进一步繁殖和蔓延的时期，也是寄主植物调动各种抗病因素积极抵抗病原危害的时期。病原物在寄主组织内的生长蔓延可分为以下三种情况：

①病原物在植物细胞间生长，从细胞间隙或借助于吸器从细胞内吸收营养和水分。这类病原物多为专性寄生菌，如各类锈菌、霜霉菌、寄生性线虫和寄生性种子植物。

②病原物侵入寄主细胞内，在植物细胞内寄生，借助寄主的营养维持其生长，如各类植物病毒、类病毒、细菌、植原体和部分菌物。

③在细胞间和细胞内同时生长。多数植物病原菌菌丝可以在细胞间生长，同时又可穿透寄主细胞在细胞内生长。病原细菌则大多先在寄主细胞外生存、繁殖，寄主细胞壁受到破坏后再进入细胞。

病原物在繁殖和蔓延的同时发挥它的致病作用，当明显症状开始出现时潜育期就结束。各种病害潜育期的长短不一，短的只有几天，长的可达一年，有些树木病害，病原物侵入后要经过几年才发病。每种病害潜育期的长短大致是一定的，但可因病原物致病力的强弱、植物的反应和状态，以及外界条件的影响而改变，所以往往有一定的变化幅度。潜育期的长短与病害流行有密切关系。潜育期短，一个生长季节中重复侵染的次数就多，病害容易发生。

植物病害潜育期的长短随病害类型、温度、寄主植物特性、病原物的致病性不同而不同，一般为10d左右。水稻白叶枯病的潜育期在最适宜的条件下不超过3d，大麦、小麦散黑穗病的潜育期将近半年，而有些木本植物的病毒病或植原体病害的潜育期则可长达2～5年。由于病原物在植物内部的繁殖和蔓延与寄主的状况有关，所以同一种病原物在不同的植物上，或在同一植物的不同发育时期，或营养条件不同，潜育期的长短亦不同。

一般来讲，系统性病害的潜育期长，局部侵染病害的潜育期短。致病性强的病原菌所致病害的潜育期短，适宜温度条件下病害的潜育期短，感病植物上病害的潜育期短。

（四）发病期

发病期即从出现症状开始到寄主生长期结束甚至植物死亡为止的一段时期。症状出现以后，病原物仍有一段或长或短的生长和扩展的时期，然后进入繁殖阶段产生子实体，症状也随之发展。患病植物症状的出现标志着潜育期的结束和发病期的开始。发病期是病原物大量增殖、扩大危害的时期。

对菌物病害来说，在病组织上产生孢子是病程的最终环节。这些孢子是下一次病程的侵染来源，对病害流行有重要的意义。影响产孢的主要原因有：①温度：其幅度比生长所要求的温度范围要窄，而有性孢子产生的温度范围比无性孢子更窄，且要求较低的温度。如子囊菌，有性孢子在越冬后的落叶中产生，其发育过程需要一个低温阶段。白粉菌，晚秋才产生闭囊壳，可能主要受温度的影响。通常无性孢子产生的最适温度同该菌生长最适温度基本一致。有些需高温和低温交替，如苹果炭疽病菌恒温条件下不容易产生孢子，在变动的室温下，几天之后就能产生大量孢子；②湿度：高湿度有利于子囊壳的形成，能促进子囊孢子的产生。因此在实验室中，对未产生子实体的病组织，常用保湿的方法促使其产生子实体。大多数真菌需要较长的潮湿时间；③光照：光是许多菌物产生繁殖器官所必需的。当然各种不同的菌物在其繁殖过程中，对光照的需求是不同的，有的只有某一个阶段需要光照，有的全部发育阶段都需要光照，而且对光照强度和波长的要求也有差异；④寄主：病原物与寄主的亲和性对植物病害症状发展和病原物繁殖体的产生具有明显的影响。许多病原物有明显的致病力分化，寄主植物对病原物群体也表现出明显的抗性差异。不同的病原物与寄主的组合，决定了病原物与寄主的亲和性程度，进而决定了病害症状的表现和类型、症状的发展速度及病部繁殖体的数量。寄主植物的不同生育期和不同的部位，对病原物的敏感程度表现不同，从而影响病害症状的发展和表现。

二、侵染性病害的侵染循环及病害的流行

植物病害的侵染循环是指从前一个生长季节开始发病，到下一个生长季节再度发病的过程。侵染过程是病害循环的一个环节。侵染循环一般包括初侵染和再侵染、病原物的越冬和病原物的传播。

（一）初侵染和再侵染

越冬以后的病原物，在植物开始生长发育后进行的第一次侵染，称为初侵染。初侵染以后形成孢子或其他繁殖体经过传播又引起的侵染，称为再侵染。在植物的一个生长季节中，只有一个侵染过程的病害，称单病程病害，如梨桧锈病。病害在植物的同一个生长季节中，再侵染可发生多次，称多病程病害。

（二）病原物的越冬

病原物越冬期间处于休眠状态，是其侵染循环中最薄弱的环节，加之潜育场所比较固定集中，较易控制和消灭。因此，掌握病原物的越冬方式、场所和条件，对防治植物病害具有重要意义。

病原物越冬场所主要有以下几种：

1. 种苗和其他繁殖材料

带病的种子、苗木、球茎、鳞茎、块根、接穗和其他繁殖材料，是病菌、病毒和植物菌原体等远距离传播和初侵染的主要来源，如百日菊黑斑病、百日菊细菌性叶斑病、瓜叶菊病毒病、天竺葵碎锦病毒病等。由此而长成的植株，不但本身发病，而且成为苗圃、田间、绿地的发病中心，通过连续再侵染不断蔓延扩展，甚至造成病害流行。

2. 有病植物

病株的存在，也是初侵染来源之一。多年生植物一旦染病后，病原物就可在寄主体内定殖，成为次年的初侵染来源，如枝干锈病、溃疡病、根癌病等。感病植物是病原细菌越冬的重要场所。病原真菌可以营养体或繁殖体在寄主体内越冬。园林植物栽种方式多样化，使得有些植物病害连年发生。温室花卉病害常是次年露地栽培花卉的重要侵染来源，如花卉病毒病和白粉病等。

3. 发病植物残体

有病的枯枝、落叶和病果，也是病原物越冬场所。次年春天，产生大量孢子成为初侵染来源，如多种叶斑病菌都是在落叶上越冬的。

4. 土壤肥料

对于土传病害或植物根部病害来说，土壤是最重要的或唯一的侵染来源。病原物以厚垣孢子、菌核、菌索等在土壤中休眠越冬，有的可存活数年之久，如苗木紫纹羽病菌。还有的病原物以腐生的方式在土壤中存活，如引起幼苗立枯病的腐霉菌和丝核菌。一般细菌在土壤内不能存活很久，当植物残体分解后，它们也渐趋死亡。肥料中混有的未经腐熟的病株残体也是侵染来源。

综上所述，查明病原物的越冬场所加以控制或消灭，是防治植物病害的有力措施。如对在病株残体上越冬的病原物，可采取收集并烧毁枯枝落叶，或将病残组织深埋土内的办法消灭病原物。

（三）病原物的传播

病原物的传播是侵染循环各个环节联系的纽带。它包括从有病部位或植株传到无病部位或植株，从有病地区传到无病地区。

植物病害通过传播得以扩展蔓延和流行。因此，了解病害的传播途径和条件，设法杜绝传播，可以中断侵染循环，控制病害的发生与流行。

1. 气流传播

真菌病害的孢子主要由气流传播。孢子数量很多、体小质轻，能在空中飘浮。风力传播孢子的有效距离随孢子性质、大小及风力的不同而不同，有的可达数千千米远，大多数真菌的孢子则降落在离形成处不远的地方。

病原物传播的距离并不等于病菌侵染的有效距离，大部分孢子在传播途中死亡，活孢子在传播途中如遇不到合适的感病寄主和适宜的环境条件也不能侵染。因而传播的有效距离还是有限的，如梨桧锈病菌孢子传播的有效距离是 5km 左右。红松疱锈病菌孢子传播的有效距离只有几十米。

2. 雨水传播

雨水和流水的传播作用是使混在胶质物中的真菌孢子和细菌溶化分散，并随水流和雨水的飞溅作用来传播。土壤中的根瘤细菌可以通过灌溉水来传播，雨水还可将在空中悬浮或移动的孢子打落在植物体上。水流传播不及气流传播快。一般来说，在风雨交加的情况下病原物传播最快。

3. 动物传播

危害植物的害虫种类多，数量大，也是病毒、植原体和真菌、细菌、线虫病害的传播媒介。传毒昆虫不仅能携带病原物，而且在为害植物时，能把病原物接种到所造成的伤口中。如松材线虫病由松褐天牛传播。

4. 人为传播

人类活动在病害的传播上也非常重要。人类通过园艺操作和种苗及其他繁殖材料的远距离调运而传播病害。如某些潜伏在土壤中的病原物，在翻耕或抚育时常通过操作工具传播。许多病毒和植物菌原体可以借嫁接、修剪而传播。松材的大量调运，加速了松材线虫病的扩展和蔓延。加强植物检疫，是限制人为传播植物病害的有效措施。

（四）植物病害的流行

植物病害在一个时期、一个地区内发生普遍而且严重，使某种植物受到巨大损失，这种现象称为病害的流行。

病害流行的条件：有大量易于感病的寄主，有大量致病力强的病原物，有适合病害大量发生的环境条件。这三个条件缺一不可，而且必须同时存在。

1. 病原物方面

在一个生长季节中，病原物的连续再侵染，使病原物迅速积累。感病植物长期连作，病株及其残体不加清除或处理不当，均有利于病原物的大量积累。对于那些只有初侵染而没有再侵染的病害，每年病害流行程度主要决定于病原物群体最初的数量。借气流传播的病原物比较容易造成病害的流行。从外地传入的新的病原物，由于栽培地区的寄主植物对其缺乏适应能力，从而表现出极强的侵染力，常造成病害的流行。

园林植物种苗调拨十分频繁，要十分警惕新病害的传入。对于本地的病原物，因某些原因产生的致病力强的新的生理小种，常造成病害的流行。

2. 寄主植物方面

感病品种大面积连年种植可造成病害流行。植物感病性的增强，主要是由栽培管理不当或引进的植物品种不适应当地气候而引起的。月季园、牡丹园等，如品种搭配不当，容易引起病害大发生。在城市绿化中，如将龙柏与海棠近距离配植，常造成锈病的流行。

3. 环境条件方面

环境条件同时作用于寄主植物和病原物，其不但影响病原物的生长、繁殖、侵染、传播和越冬，而且也影响植物的生长发育和抗病力。当环境条件有利于病原物而不利于寄主植物的生长时，可导致病害的流行。

在环境条件方面，最重要的是气象因素，如温度、湿度、降水、光照等。多数植物病害在温暖多雨雾的天气易于流行。此外，栽培条件、种植密度、水肥管理、土壤的理化性状和土壤微生物群落等，与局部地区病害的流行，都有密切联系。

寄主、病原物和环境条件三方面因素的影响是综合的、复杂的。但对某一种病害而言，其中某一个因素起着主导作用。如梨桧锈病，只有梨树和桧柏同时存在时，病害才会流行，寄主因素起着主导作用。在连年干旱或冻害后，苹果腐烂病常常大发生，环境因素就起着主导作用。掌握各种条件下病害流行的决定因素，对搞好测报与防治工作具有重要意义。

（五）病害流行的动态

植物病害的流行是随着时间而变化的，亦即有一个病害数量由少到多、由点到面的发展过程。研究病害数量随时间而增长的发展过程，叫作病害流行的时间动态。研究病害分布由点到面的发展变化，叫作病害流行的空间动态。

1. 病害流行的时间动态

病害流行过程是病原物数量积累的过程，不同病害的积累过程所需时间各异，大致可分为单年流行病害和积年流行病害两类。单年流行病害在一个生长季中就能完成数量积累过程，引起病害流行。积年流行病害需连续几年的时间才能完成该数量积累的过程。

单年流行病害大都是有再侵染的病害，故又称为多循环病害。其特点是：①潜育期短，再侵染频繁，一个生长季可繁殖多代；②多为气传、雨水传或昆虫传播的病害；③多为植株地上部分的叶斑病类；④病原物寿命不长，对环境敏感；⑤病害发生程度在年度之间波动大，大流行年之后，第二年可能发生轻微，轻病年之后又可能大流行。属于这一类的有许多作物的重要病害，如锈病、白粉病、马铃薯晚疫病、黄瓜霜霉病等。

积年流行病害又称单循环病害。其发生特点是：①无再侵染或再侵染次数很少，潜育期长或较长；②多为全株性或系统性病害，包括茎基部及根部病害；③多为种传或土传病害；④病原物休眠体往往是初侵染来源，对不良环境的抗性较强，寿命也长，侵入成功后受环境影响小；⑤病害在年度间波动小，上一年菌量影响下一年的病害发生数量。属于该类病害的有黑穗病、粒线虫病、多种果树根病等。

2. 病害流行的空间动态

病害流行过程的空间动态是指病害的传播距离、传播速度以及传播的变化规律。

①病害的传播。病害传播的距离按其远近可以分为近程、中程和远程三类。一次传播距离在百米以内的称为近程传播，近程传播主要是病害在田间的扩散传播，显然受田间小

气候的影响。当传播距离在几十米甚至几千米以上的称为远程传播，如小麦锈病即为远程传播。介于两者之间的称为中程传播。中远距离传播受上升气流和水平风力的影响。

②病害的田间扩展和分布型。病害在林间的扩展和分布型与病原物初次侵染的来源有关，可分为初侵染源位于本地和为外来菌源两种情况。初侵染源位于本地时，在林间有一个发病中心或中心病株。病害在林间的扩展过程是由点到片，逐步扩展到全片。传播距离由近及远，发病面积逐步扩大。病害在林间的分布呈核心分布。初侵染源为外来菌源时，病害初发时在林间一般是随机分布或接近均匀分布，也称为弥散式传播。如果外来菌量大、传播广，则全片普遍发病。

3. 病害流行的预测

根据病害流行的规律和即将出现的有关条件，可以推测某种病害在今后一定时期内流行的可能性，称为病害预测。病害预测的方法和依据因不同病害的流行规律而异，通常主要依据：①病害侵染过程和侵染循环的特点；②病害流行因素的综合作用，特别是主导因素与病害流行的关系；③病害流行的历史资料以及当年的气象预报等。

根据测报的有效期限，可区分为长期预测和短期预测两种。长期预测是预测一年以后的情况，短期预测是预测当年的情况。病害发展中各种因素间的关系很复杂，而且各种因素也在不断变化，因此，病害流行的预测是一项复杂的工作。

第四节　植物病害的诊断及相互关系

植物病害诊断是根据植物发病的症状表现、所处场所和环境条件，经过必要的检查、检验与综合分析，判断植物生病的原因，确定病原类型和病害种类的过程。在防治过程中，采取合适的防治措施，可以挽救植物的生命和产量。如果诊断不当或失误，就会贻误时机，造成更大损失。

一、园林植物侵染性病害的诊断

（一）园林植物病害的野外诊断

园林植物病害的野外诊断比较复杂，不仅要根据现场症状观察，还要收集包括环境、人为、自然灾害、污染、栽培管理等多个方面的资料，综合考虑判断，必要时需采集病原标本镜检或进行分离培养实验确定。

（二）园林植物病害的症状观察

症状观察是首要的依据，虽然简单，但要在比较熟悉病害的基础上才能进行。诊断的准确性取决于症状的典型性和诊断人的经验。观察症状时，注意是点发性还是散发性症状；

病斑的部位、大小、色泽和气味；病部组织的特点。许多病害没有明显的症状，当出现病症时就能确诊，如白粉病；而有些病害无病症，但只要认识其典型症状也能确诊，如病毒病。

（三）园林植物侵染性病害的室内鉴定

许多病害单凭症状是不能确诊的，不同的病原可产生相似病状，病害的症状也可因寄主和环境条件的变化而变化，因此有时需进行室内病原鉴定才能确诊。

病原室内鉴定是借助放大镜、显微镜、电子显微镜、保湿与保温器械设备等，根据不同病原的特性，采取不同手段，进一步观察病原物的形态、特征、生理生化等特点。

新病害还必须请分类专家确诊病原。

（四）园林植物侵染性病原生物的分离培养和接种

有些病害在病部表面不一定能找到病原物，即使检查到微生物，也可能是组织死后长出的腐生物或其他有关杂菌，因此，病原物的分离和接种是园林植物病害诊断中最科学、最可靠的方法。

接种鉴定又叫印证鉴定，就是通过接种使健康的园林植物产生相同症状，以明确病原的过程。这对新病害或疑难病害的确诊很重要。

（五）园林植物病害诊断应注意的问题

园林植物病害的症状是复杂的，每种病害虽然都有自己固定的典型的特征性症状，但也有易变性。因此，诊断病害时，要注意如下问题：

①不同的病原可导致相似的症状，如萎蔫性病害可由真菌、细菌、线虫等病原引起。

②相同的病原在同一寄主植物的不同发育期、不同发病部位表现的症状不同，如炭疽病在苗期表现为猝倒，在成熟期危害茎、叶、果，表现为斑点型。

③相同的病原在不同的寄主植物上表现不同的症状。

④环境条件可影响病害的症状，如腐烂病在潮湿时表现为湿腐型，在干燥时表现为干腐型。

⑤缺素症、黄化症等生理性病害与病毒、支原体、类立克次体引起的病害症状类似。

⑥在病部的坏死组织上，可能有腐生菌，容易混淆误诊。

（六）柯赫法则

柯赫法则是柯赫于1889年根据植物病害侵染发生过程的一般规律而制定的，是病害诊断中常用的印证法则，它可分为4个步骤：

①经常观察，了解一种微生物与某种病害的联系。

②从病组织上分离得到这种微生物，并将其单独在培养基上培养，使其生长繁殖，也就是纯培养。

③将纯培养的微生物接种到健康的寄主植物上感病后，发生原先观察到的症状。

④从接种发病的组织上再分离，又得到相同的微生物。

柯赫法则在实际应用中存在的问题：①关于病原物的纯培养问题；②柯赫法则与自然不能完全一致，它是在其他微生物不存在的情况下进行的；③关于环境条件的问题；④柯赫法则不能解决复合侵染的病害，只能证明一菌引起一种病害。

二、园林植物非侵染性病害的诊断

从病害植物上能看到病征，但又分离不到病原物。如大面积同时发生同一症状的病害，却没有逐步传染扩散的现象等，除了植物遗传性疾病之外，主要是不良的环境因素所致，大体上可考虑是非侵染性病害。

（一）非侵染性病害的主要特点

①只有病状无病征。

②田间分布与土质、地势、管理和污染源等因子关系密切。

田间分布与土质、地势、管理和污染源等高度相关而成某种规律性分布，突然大面积全面发生，无发病中心逐日扩展，由点到面的污染过程，也无病害数量间歇式翻番由少到多的增殖过程；

③改善环境条件可在一定程度上减轻病状。

在适当的条件下，有的病状可以随着环境条件的改善而逐渐好转，甚至恢复如常，如旱害可通过灌水、降雨等条件的改善发生改变。

通过以上推断其归属，如能排除传染病的可能，则可进入非传染病的诊断程序。

（二）非传染病的诊断程序

①可能病因的初步推测：根据病状和借助生理、病理学的知识推测其可能的生理病变的性质和原因，再根据田间分布和环境条件的关系，先推测出若干可能的病因，如白化苗，是缺铁症，与缺 N、S 元素病状相似。

②对比调查：从发病地区内外，选取无病、病轻、病重的田块多块，进行对比调查，从中选取与可能病因关系密切的因子，排除一些与发病无关的因素，选出一些相关显著的因素，缩小可能病因的范围，如柯文雄对台湾香蕉树枯死的试验。

③病理分析：如怀疑是缺素症，则可进行叶片分析和土壤分析，测知有关元素含置和可利用度。

④诱发试验：根据初步结论，模拟可能的致病过程，把几种可能病因加入环境，做几种处理，看哪种处理产生该种病害，如缺素症诊断。

⑤治疗试验：在诱发试验所得结果的基础上，还可进行治疗试验和预防试验，如缺铁，可喷施硫酸亚铁。

三、非侵染性病害与侵染性病害的关系

非侵染性病害和侵染性病害的病原虽然各不相同，但两类病害之间的关系是非常密切的，这两类病害在一定的条件下可以互相影响。非侵染性病害可以降低寄主植物对病原物的抵抗能力，能诱发和加重侵染性病害危害的严重程度。同样，侵染性病害有时也会削弱植物对非侵染性病害的抵抗力。植物在遭受冻害之后，容易被病原菌从冻伤处侵入引起软腐病。

另外，植物发生侵染性病害后，也易促进非侵染性病害发生。如辣椒炭疽病和白星病发生严重时，出现大量早期落叶，番茄早疫病引起叶片枯焦，其果实直接暴露在强烈的阳光下，能使果皮灼伤，称为日灼病。在一般情况下，田间病害的出现，往往是从不适宜的环境开始的，寄主植物在不适宜环境条件下其抗病力减弱，从而诱发病原物侵染危害。

第五节　植物非侵染性病害

园林植物在生长发育过程中，由于植物自身的生理缺陷或遗传性疾病，或由不适宜的非生物因素直接引起的病害称为非侵染性病害。它和侵染性病害的区别在于没有病原生物的侵染，在植物不同的个体间不能互相传染，所以又称为非传染性病害或生理病害。园林植物的生长发育，需要一定的环境条件，当环境条件不适宜，且超出园林植物的适应范围时，园林植物生理活动就会失调，表现为失绿、矮化，甚至死亡。环境中的不适宜因素分为化学因素和物理因素两大类。引起园林植物非侵染性病害的原因多种多样，常见的有以下几种。

一、化学因素

（一）营养失调

植物的生长发育需要多种营养物质。土壤中缺乏某些营养物质会影响植物正常的生理机能，引起植物缺素症。

①缺氮：主要表现为植株矮小，发育不良，分枝少、失绿、变色、花小和组织坏死。在强酸性缺乏有机质的土壤中易发生缺氮症。

②缺磷：植物生长受抑制，植株矮化，叶片变成深绿色，灰暗无光泽，具有紫色素，最后枯死脱落。病状一般先从老叶上出现。生荒土或土壤黏重板结易发生缺磷症。

③缺钾：植物叶片常出现棕色斑点，不正常皱缩，叶缘卷曲，最后焦枯。红壤一般含钾量低，易发生缺钾症。

④缺铁：主要引起失绿、白化和黄叶等。缺铁首先表现为枝条上部的嫩叶黄化，下部老叶仍保持绿色，逐渐向下扩展到基部叶片，如栀子花黄化病。碱性土壤常会发生缺铁症。

⑤缺镁：症状同缺铁症相似。区别在于缺镁时常从植株下部叶片开始褪绿，出现黄化，渐向上部叶片蔓延，如金鱼草缺镁症。此外，镁与钙有拮抗作用，当钙过多有害时，可适当加入镁起缓冲作用。

⑥缺硼：引起植株矮化、芽畸形、丛生、缩果和落果。

⑦硼中毒：叶片白化干枯、生长点死亡。

⑧缺锌：引起新枝节间缩短，叶片小而黄，有时顶部叶片呈簇生状，如桃树小叶病。

⑨锌中毒：植株小，叶片皱缩、黄化或具褐色坏死斑。

⑩缺钙：植株根系生长受抑，嫩芽枯死，嫩叶扭曲，叶缘叶尖白化，提早落叶。

⑪缺锰：引起花卉叶脉间变成枯黄色，叶缘及叶尖向下卷曲，花呈紫色。症状由上向下扩展。一般发生在碱性土壤中。

⑫锰中毒：引起叶脉间黄化或变褐。

⑬缺硫：植物叶脉发黄，叶肉组织仍保持绿色，从叶片基部开始出现红色枯斑。幼叶表现更明显。

发生缺素症，常通过改良土壤和补充所缺乏营养元素治疗。有些元素如硼、铜、钙、银、汞含量过多，对植物也会产生毒害作用，影响植物的生长发育。

（二）环境污染

环境污染指空气污染、水源和土壤的污染、酸雨等。树木的枝枯叶黄、农作物的枯萎死亡（或生长缓慢），在酸雨严重的地区屡见不鲜。空气污染的主要来源是废气，如HF、SO_2 和 NO_2 等；水源污染来源于工厂排污等；土壤污染来源于化肥、农药等；酸雨来源于工厂废气。这些污染物对不同植物的危害程度不同，引起的症状各异。

（三）土壤水分失调

1. 土壤水分过少

土壤干旱缺水或植物蒸腾失水速度大于根系吸水速度，植物会发生萎蔫现象，生长发育受到抑制，甚至死亡。杜鹃花对干旱非常敏感，干旱缺水会使叶尖及叶缘变褐色坏死。

2. 土壤水分过多

土壤水分过多，植物表现为水涝现象，土壤缺氧，根系呼吸受阻，易产生有毒物质，易引起根部腐烂。根系受到损害后，便引起地上部分叶片发黄，花色变浅，花的香味减退及落叶、落花，茎干生长受阻，严重时植株死亡。如女贞淹水后，蒸腾作用立即下降，12d 后植株便死亡。土壤水分过多，地上部分叶片发黄，落叶、落花，茎干生长受阻，严重时根系腐烂全株死亡。草本花卉容易受到水涝。

出现水分失调现象时，要根据实际情况，适时适量灌水，注意及时排水。浇灌时尽量采用滴灌或沟灌，避免喷淋和大水漫灌。

（四）化学物质的药害

如各种农药、化学肥料、除草剂和植物生长调节剂使用浓度过高，或用贵过大，或使用时期不适宜，均可对植物造成化学伤害。植物药害分为急性和慢性：

①急性药害：一般在施药后 2 ~ 5d 发生，常常在叶面上或叶柄基部出现坏死的斑点或条纹，叶片褪绿变黄，严重时凋萎脱落。植物的幼嫩组织或器官容易发生此类药害。施用无机的铜、硫杀菌剂和有机砷类杀菌剂易引起急性药害。

②慢性药害：不马上表现明显症状，而是逐渐影响植株的正常生长发育，使植物生长缓慢、枝叶不繁茂，进而叶片变黄以至脱落；开花减少，结实延迟，果实变小，籽粒不饱满，种子发芽率降低等。

不适当地使用杀草剂或植物生长调节剂也会引起药害。

二、物理因素

（一）温度不适

1.高温

高温常使园林植物的茎干、叶、果受到灼伤。花灌木及树木的日灼常发生在树干的南面或西南面。夏季苗圃中土表温度过高，常使幼苗的根茎部发生日灼伤。如银杏苗木茎基部受到灼伤后，病菌趁机而人，诱发银杏茎腐病。预防苗木的灼伤可适时遮阴和灌溉以降低土壤温度。

2.低温

低温也会危害植物，主要是冷害和冻害。冷害也称寒害，是指 0℃以上、10℃以下的低温所致的病害。常见症状是变色、坏死、表面斑点和芽枯等。冻害是指 0℃以下的低温所致的病害。症状是从出现水渍状病斑到死亡直到变黑、枯干、死亡。霜冻是常见的冻害。晚秋的早霜常使花木未木质化的枝梢等受到冻害，春天的晚霜易使幼芽、新叶和新梢冻死，花脱落。而冬季的反常低温会对一些常绿观赏植物及落叶花灌木等未充分木质化的组织造成冻害。露地栽培的花木受霜冻后，常自叶尖或叶缘产生水渍状斑，严重时全叶坏死，解冻后叶片变软下垂。

树干涂白是保护树木免受日灼伤和冻害的有效措施。

（二）水分、湿度不适

长期水分供应不足而形成过多的机械组织，使一些肥嫩的器官的一部分薄壁细胞转变为厚壁的纤维细胞，可溶性糖转变为淀粉而降低品质。剧烈的干旱可引起植物萎蔫、叶缘焦枯等症状。木本植物表现为叶片黄化、红化或其他颜色变化，或者早期落叶、落花、落果。禾本科植物在开花和灌浆期遇干旱所受的影响最为严重。开花期影响授粉，增加瘪粒率；灌浆期影响营养向籽粒中的输送，降低千粒重。

土壤中水分过多导致氧气供应不足，从而使根部窒息，根变色或腐烂，出现地上部叶片变黄、落叶、落花等症状。

水分的骤然变化也会引起病害。先旱后涝容易引起浆果、根菜和甘蓝的组织开裂。这是由于干旱情况下，植物的器官形成了伸缩性很小的外皮，水分骤然增加以后，组织大量吸水，使膨压加大，导致器官破裂。

湿度过低，引起植物的旱害，初期枝叶萎蔫下垂，及时补水尚可恢复，后期植株凋萎甚至死亡。土壤湿度过低加之干热风的危害更大。单纯的空气湿度过低很少引起病害，但如果空气湿度过低，同时遇上大风或高温天气，容易导致植株大量失水，造成叶片焦枯、果实萎缩或暂时或永久性的植株萎蔫。

（三）光照不适

光照的影响包括光强度和光周期。光照不足通常发生在温室和保护地栽培的情况下，导致植物徒长，影响叶绿素的形成和光合作用，植株黄化，组织结构脆弱，容易发生倒伏或受到病原物的侵染。

不同园林植物对光照时间长短和强度大小的反应不同，应根据植物的习性加以养护。如月季、菊花等为喜光植物，宜种植在向阳避风处。龟背竹、茶花等为耐阴植物，忌阳光直射，应给予良好的遮阴条件。中国兰花、广东万年青、海芋等为喜阴植物，喜阴湿环境，除冬季和早春外，均应置荫棚下养护。

当植物正在旺盛生长时，光强度的突然改变和养分供应不足会引起落叶。室内植物要使之尽可能多的光照。此外，植株种植过密，光照不足，通风不良等会引起叶部、茎干部病害的发生。

第六章　植物病虫害防治的原理及方法

　　我国在 1975 年的全国植保工作会议上正式制定了预防为主、综合防治的植保方针，预防为主是我国植保工作的指导思想，综合防治是我国植物病虫害防治的具体方法，植保方针一直指导着我国植保事业的发展方向。

　　随着人们认识水平的不断提高和科技水平的不断发展，植物病虫害防治的原则和策略也在不断地被赋予新的内涵，并且，随着社会的发展和各种新技术的不断应用，我国的植保方针与理念也在不断地更新。从预防为主、综合防治、有害生物综合治理（IPM）到目前提出的公共植保、绿色植保以及有害生物可持续控制（SPM），都体现了人们在认识上的提高、在理念上的调整过程，强化了生态意识、无公害控制，从保护园林植物个体、局部转移到保护园林生态系统及整个地区的生态环境，是融技术、生态、社会和经济因素于一体的有关园林有害生物的协同御灾策略。

第一节　植物病虫害防治的原理

　　植物病虫害发生与流行的原因，一方面是存在病源、虫源，并且有足够发生基数的病虫对植物的成功入侵；另一方面是需要有适宜病虫害发生、繁殖的环境条件。园林植物病虫害防治的基本途径应充分考虑以上条件，综合运用多种方法，合理控制病虫发生数量，切断病虫传播途径，创造有利于植物及天敌而不利于病虫发生发展的环境条件，达到合理控制病虫害发生的良好效果。

　　植物病虫害防治运用的主要原理如下：一是消灭和控制病原物、虫源，从源头上加以控制。采用改变播种期、深翻改土、结合整形修剪等多种手段，力求铲除、阻断、抑制病原物与虫源，控制病虫害的发生发展；二是保护寄主植物。通过加强水肥管理等生态措施、保护和利用生物天敌、化学保护等多种保护性措施，促进寄主植物的健康生长；三是提高寄主植物的抗性。通过健壮栽培管理、抗性育种等措施提高寄主植物的抗病、抗虫能力，减少因病虫危害造成的损失；四是治疗病虫株。在做好病虫害预测预报的基础上，对已发生病虫害的植株，采取控温控湿等物理措施、喷施农药等化学防治措施、人工释放天敌等人工干预措施，及时治疗发病植株，减少或避免因病虫危害造成的损失。

一、综合防治与可持续治理

（一）综合防治等相关概念

病虫害的防治方法很多，各种方法各有其优点和局限性，单一依靠其中一种措施往往不能达到防治的目的，有时还会引起植物的不良反应。

我国植物病虫害防治有着悠久的历史，早在建国初期所制订的农业治方针，对当时发生普遍，危害严重的十大病虫害进行了有效的控制：1975年我国农业部根据农业生产发展情况和病虫害防治中存在的滥用农药所产生的环境污染、害虫抗性和再生猖獗等问题，提出了"预防为主，综合防治"的植保工作方针。与此同时，美国环境质量委员会（简称IPM）1972年提出了有害生物综合治理的概念，经过30多年的实践，综合防治和IPM的含义也在不断深化和发展。

当今综合防治的主要含义就是从生态系统的整体观念出发，以预防为主，本着安全、经济、有效、简便的原则，因地制宜地采用农业、化学、生物和物理机械等防治方法和其他有效的生态学手段，充分发挥各种方法的优点，使其相互补充，彼此协调，构成一个有机的防治体系，把病虫的危害控制在经济损失允许水平以下，达到高产、优质、低成本和少公害或无公害的目的。这一概念更多地强调了各种防治方法的有机协调与综合，通过促控结合，保持生态系统的动态平衡，从根本上避免了单纯依靠农药进行病虫害防治的诸多弊端，促进了我国农业生态系向良性循环方向发展。

联合国粮农组织（FAO）有害生物综合治理专家小组对IPM下了如下定义：有害生物综合治理是一套治理系统，这个系统考虑到有害生物总的种群动态及其有关环境，利用所有适当的方法与技术以尽可能地相互配合的方式，把有害生物的种群控制在低于经济危害的水平。这一概念有如下特点：

①防治的目的是使其不造成对植物的经济损失，允许保留一定量的有害生物，而不是将其彻底消灭。

②应用各种防治方法的协调配合，互为补充。

③有害生物的防治策略要根据种群动态及相关环境条件来制定。

综合防治和IPM概念的提出，大大促进了病虫害的防治在理论和应用等方面研究。

随着二者含义的深化和发展，也促进它们之间相互吸纳、融合，并逐步趋于统一。随着社会的可持续发展和可持续农业的提出，对病虫害的防治不仅要求所采取的措施能保证当时的植物生产高产稳产，取得良好的经济、生态和社会效益，而且要求前一时期采用的措施能为后来年份或年代的病虫害防治打下良好基础，使病虫害的防治真正能够兼顾当前和长远，防患于未然，使病虫害的防治和植物生产得以持续稳定地发展和提高，这就是植物病虫害的持续治理，也称可持续植保。可持续植保的提出，对病虫害的防治提出了更高的要求。

（二）综合防治遵循的原则

园林植物病虫害综合防治的目的是保证园林植物不因病虫害为害造成经济上的损失。在进行病虫害防治过程中，既要考虑通过防治所挽回的经济损失，同时还需考虑因防治对生态环境造成的影响，如次要害虫的猖獗、环境的污染、土壤活力的降低等。因此在病虫害综合防治系统中，既要遵循经济学的治理原则，还要遵循生态学的控制原则。将病虫害纳入生态系统中，作为生态结构的一部分来制定防治策略，进行综合控制。

1. 病虫害防治的经济学原则

病虫害防治的经济学原则，就是在经济学的边际分析原理的指导下进行，防治必须遵循挽回收益大于或等于治理费用的原则。

2. 病虫害防治的生态学原则

病虫害防治的生态学原则包含有物质循环再生原则；协调共生、和谐高效原则；相争相克、协同进化原则；物种的抗逆性原则；系统的自调控原则等 5 个方面。要求在制定病虫害防治策略时综合考虑系统的循环与发展、系统内部和外部的能量和条件、系统的自然机理、系统内物种的抗性和系统自我调节等方面因素，将病虫害作为生态系统的部分结构考虑，进行整体措施的综合作用协调，从而获得最优控制效果。

二、综合防治的策略

对病虫害的综合防治在策略上主要从以下 4 个方面考虑：

1. 生态系统的整体观念

生态系统的整体观念是综合防治思想的核心。众多的生物因子和非生物因子等因素构成一个生态系统，在该生态系统中，各个组成部分是相互依存，相互制约的。任何一个组成部分的变动，都会直接或间接影响整个生态系统，从而改变病虫害种群的消长，甚至病虫害种类的组成。制订综合防治措施时，首先要在了解病虫害的动态规律，明确主要防治对象的发生规律和防治关键，将病虫害发生数量控制在较低水平。同时还要把视野扩大到区域层次或更高的层次，进行全局考虑，从而优化防治策略。就园林植物病虫害治理而言，涉及的是一个区域内的土地利用类型，植被类型的合理镶嵌和多样化问题，这将为遏制病虫害的猖獗及有益生物增殖提供良好的环境条件。

2. 充分发挥自然控制因素的作用

自然控制因素包括生物因子和非生物自然因子。多年来单纯依靠大量施用化学农药防治病虫害，带来的害虫和病原菌抗药性增加、生态平衡破坏和环境污染等问题日益严峻。这使人们认识到植物保护不仅要考虑到防治对象和被保护对象，还需要考虑对环境的保护和资源的再利用。因此在制定病虫害防治策略时需要考虑整个生态体系中各物种间的相互关系，利用自然控制作用，减少药剂的使用量，降低防治成本。如在田间，当寄主或猎物多时，寄生昆虫和捕食动物的营养就比较充足，此时，寄生昆虫或捕食动物就会大量繁殖，急剧增加种群数量。在寄生或捕食性动物数量增长后又会捕食大量的寄主或猎物，寄主或猎物的种群又因为天敌的控制而逐渐减少，随后，寄生与捕食种类也会因为食物减少，营养不良而减少种群数量。这种相互制约，使生态系统可以自我调节，才能使整个生态系统维持相对稳定。

3. 协调应用各种防治方法

对病虫害的防治方法多种多样，协调的观点就是要使其相辅相成。任何一种防治方法都有在一定的优缺点，因此需要通过各种防治方法的综合应用，更好地实现病虫害防治目标。但不同的防治方法如果机械叠加使用会产生矛盾，往往不能实现防治目的。多种防治方法的应用不是几种防治方法的简单相加，也不是越多越好，而是在制定防治策略时必须依据具体的目标生态系统，有针对性地选择必要的防治措施，从而达到辩证的结合应用，使所采用的防治方法之间取长补短，相辅相成。通过把病虫害的综合治理纳入园林植物可持续发展的总方针之下，将有关单位如生产、管理、环境保护等部门协调调动，在保护环境、实现可持续发展的共识之下，制定病虫害的综合治理策略，合理应用园林管理、化学、生物和物理等防治方法，协调各种防治方法的运用，实现协调防治的整体效果和经济收益最大化。

4. 经济阈值及防治指标

有害生物综合治理的最终目的不是彻底消灭有害生物，而是将其种群密度维持在一定水平之下，即经济受害水平之下。所谓经济受害水平是指某种有害生物引起经济损失的最低种群密度。经济阈值是为防止有害生物造成损失达到经济受害水平，须进行防治的有害生物密度。当有害生物的种群达到经济阈值就必须进行防治，否则便不必采取防治措施。防治指标是指需要采取防治措施以阻止有害生物达到造成经济损失的程度。一般来说，生产上防治任何一种有害生物都应讲究经济效益和经济阈值，即防治费用必须小于或等于因防治而获得的利益。需要进一步认识的是，人类所定义的有害生物与有益生物以及其他生物之间的协调进化是自然界中普遍有在的现象，因此应在满足人们长远物质需求的基础上，实现自然界中大部分生物的和谐共存。有了这种观点，经济阈值的制定会更科学，更富于变化。

21世纪的病虫害综合治理必须融入可持续发展和环境保护之中，要扩大病虫害综合治理的生态学尺度，与其他学科交叉起来，减少化学农药的施用，利用各种生态手段，最大限度地发挥自然控制因素的作用，使经济、社会和生态效益同步增长。

三、综合防治方案的制定及优化

病虫害综合防治是城市园林可持续发展的重要组成部分，园林工作者要实事求是地分析现状，因地制宜地制定园林植物病虫害综合防治方案。现在，人们特别注意了从环境整体观点出发，进行病虫害防治方案的设计，充分调动生态系统中的积极因素来进行病虫害防治。同时，对各类重要病虫害经济阈值的研究也相继开展，并应用于综合治理方案中。总之，园林病虫害综合治理实施方案是以建立最优的生态系统为出发点，一方面利用自然控制因素，另一方面根据需要采取和协调各项防治措施，把病虫密度控制到受害允许水平之下的管理技术方案。

1. 病虫综合防治方案的基本要求

在设计方案时，选择措施要符合"安全、有效、经济、简便"的原则。"安全"指的是对人、畜、作物、天敌安全，其生活环境不受损害和污染。"有效"是指能大量杀伤病虫或明显地压低病虫的密度，起到保护农作物不受侵害或少受侵害的作用。"经济"是一个相对指标，为了增加农产品的收益，要求少花钱，尽量减少消耗性的生产投资。"简便"指要求因地制宜和方法简便易行，便于群众掌握。这四项指标中，安全是前提，有效是关键，经济与简便是在实践中不断改进提高要达到的目标。

2. 综合防治方案的主要类型

（1）以一种主要病虫为对象进行综合防治。如温室白粉虱的综合防治。

（2）以一种作物所发生的主要病虫害为对象进行综合防治。如榕树病虫害综合防治。

（3）以整个地块为对象，综合考虑各种生物因素，制订综合防治措施。如大城市中的某个公园、社区、工厂、某块绿地的病虫害综合防治。

第二节　植物病虫害防治方法

园林植物病虫害防治的基本方法归纳起来有：植物检疫、园林技术防治、物理机械防治、生物防治、化学防治等。

一、植物检疫

植物检疫是根据国家颁布的法令，设立专门机构，对国外输入和国内输出，以及在国内地区之间调运的种子、苗木及农产品等进行检疫，禁止或限制危险性病、虫、杂草的输入或输出，或者在传入以后限制其传播，严密封锁和就地消灭新发现的检疫性病虫害。随着我国对外开放以及城市园林绿化建设事业的发展，引种和种苗调运日益频繁，人为传播园林植物病虫的机会也就随之增加，给我国城市园林绿化事业的发展带来了极大隐患。因此，搞好植物检疫工作对园林病虫害的防治极为重要。

（一）生物入侵的危害

在自然情况下，病、虫、杂草等的分布虽然可以通过气流等自然动力和自身活动扩散，不断扩大其分布范围，但这种能力是有限的。再加上有高山、海洋、沙漠等天然障碍的阻隔，病、虫、杂草的分布有一定的地域局限性。但是，一旦借助人为因素的传播，就可以附着在种子、果实苗木、接穗、插条及其他植物产品上跨越这些天然屏障，由一个国家或地区传到另一个国家或地区。当这些病菌、害虫及杂草离开了原产地到达一个新地区以后，原来制约病虫害发生发展的些环境因素被打破，条件适宜时，就会迅速扩展蔓延，猖獗成灾。历史上这样的经验教训很多：葡萄根瘤蚜在1860年由美国传入法国后，经过25年，就有10万公顷以上的葡萄园毁灭；美国白蛾1922年在加拿大首次发现，随着运载工具由欧洲传播到亚洲，1982年发现于山东荣成，1984年又在陕西武功发现，1997年又发现于辽宁省东部地区，造成大片园林及农作物被毁；我国的菊花白锈病、樱花细菌性根癌病、松材线虫萎蔫病均由日本传入，使许多园林风景区蒙难。最近几年传入我国的美洲斑潜蝇、蔗扁蛾、薇甘菊也带来了严重经济损失和生态灾难。

（二）植物检疫的作用

植物检疫能阻止危险性有害生物随人类的活动在地区间或国际间传播蔓延。随着社会经济的发展，植物引种和农产品贸易活动的增加，危险性的有害生物也会随之扩散蔓延，造成巨大的经济损失，甚至酿成灾难。植物检疫不仅能阻止农产品携带危险性有害生物出、入境，还可指导农产品的安全生产以及与国际植检组织的合作与谈判，保证本国产品出口畅通，维护国家利益。另外，随着我国加入WTO，国际经济贸易活动的不断深入，植物检疫工作更显其重要作用。

（三）物检疫工作的范围及内容

植物检疫工作的范围就是根据国家所颁布的有关植物检疫的法令、法规、双边协定和农产品贸易合同上的检疫条文等要求开展工作。对植物及其产品在引种运输、贸易过程中进行管理和控制，目的是达到防止危险性有害生物在地区间或国家间传播蔓延。植物检疫对象的确定原则：

（1）国内或当地尚未发现或局部已发生而正在消灭的。

（2）一旦传人对作物危害性大，经济损失严重，目前尚无高效、简易防治方法的。

（3）繁殖力强、适应性广、难以根除的。

（4）可人为随种子、苗木、农产品及包装物等运输，作远距离传播的。

植物检疫分对内检疫和对外检疫。对内检疫的主要任务是防止和消灭通过地区间的物资交换、调运种子、苗木及其他农产品贸易等而使危险性有害生物扩散蔓延。故又称国内检疫。对外检疫又称国家检疫，是国家在港口、机场、车站和邮局等国际交通要道，设立植物检疫机构，对进出口和过境的植物及其产品实施检和处理，防止危险性有害生物的传入和输出。

（四）植物检疫技术

1. 检疫检验

检疫检验是由有关植物检疫机构根据报验的受验材料抽样检验。除产地植物检疫采用产地检验（田间调查）外，其余各项植物检疫主要进行关卡抽样室内检验。

（1）抽查与取样的原则和数量

抽查取样以"批"为单位，在检疫检验时，把同一时间来自同国家或地区、经同一运输工具、具有同一品名（或品种）的货物统称为一批；有时也以一张检疫证书或报验单上所列的货物作为一批。

（2）常用的检验方法

常用的检验方法有直接检验、诱器检疫、过筛检验、比重检测、染色检验、X光透视检验、洗涤检验、保湿萌芽检验、分离培养及接种检验、噬菌体检验等10种方法。

2. 检疫处理

它必须符合检疫法规的规定及检疫处理的各项管理办法、规定和标准。其次是所采取的处理措施是必不可少的，还应将处理所造成的损失降到最低水平。在产地或隔离场圃发现有检疫对象，应出官方划定疫区，实施隔离和根除扑灭等控制措施。关卡检验发现检疫对象时，常采用退回或销毁货物、除害处理和异地转运等检疫处理措施。对关卡抽样检验，发现有禁止或限制入境的检疫对象，而货物事先又未办理入境审批手续；或虽已办理入境审批手续，但现场查处有禁止入境的检疫对象，且没有有效、彻底的处理方法；或农产品已被危害而失去使用价值的，均应作退回或销毁处理。对正常调运的货物而被检验出有禁止或限制入境的检疫对象，经隔离除害处理后，达到入境标准的，可签证放行，或根据具体情况指定使用范围，控制使用地点、限制使用时间或改变用途。

除害处理的方法主要有机械处理、热处理、微波或射线处理等物理方法和药物熏蒸、浸泡或喷洒处理等化学方法。

二、园林技术防治

园林技术防治措施就是通过改进栽培技术措施和科学管理，改善环境条件使之有利于寄主植物生长，增强植物对病虫害的抵抗能力，而不利于病虫害的发生，从而达到病虫害防治的目的。这种方法不需要额外的投资，而且还有预防作用，可长期控制病虫害，因而是最基本的防治方法。但这种方法也有一定的局限性，病虫害大发生时必须依靠其他防治措施。

（一）选用抗性品种

植物对病虫害有一定的抵抗能力，利用作物的抗病、虫特性是防治病虫害最经济、最有效的方法。园林植物种质资源丰富，为抗性品种的培育提供了大量被选材料。当前世界上已经培育出菊花、香石竹、金鱼草等花卉的抗锈病的新品种,抗紫菀萎蔫病的翠菊品种等。

(二)培育健苗

园林上许多病虫害是依靠种子、苗木及其他无性繁殖材料来传播,因而通过一定的措施,培育无病虫的健壮种苗,可有效地控制该类病虫害的发生。

1. 无病虫圃地育苗

选取土壤疏松、排水良好、通风透光、无病虫危害的场所为育苗圃地。盆播育苗时应注意盆钵、基质的消毒,同时通过适时播种,合理轮作,整地施肥以及中耕除草等加强养护管理,使苗齐、苗全、苗壮、无病虫为害。如菊花、香石竹等进行扦插育苗时,对基质及时消毒或更换新鲜基质。对基质的消毒可采用 40% 的甲醛溶液稀释 50 倍,均匀喷湿基质覆膜 24 ~ 26h 后揭膜透气 2 周,可大大提高育苗的成活率。

2. 无病株采种

园林植物的许多病害是通过种苗传播的,如仙客来病毒病、百日草白斑病是由种子传播,菊花白锈病是由脚芽传播,等等。只有从健康母株上采种,才能得到无病种苗,避免或减轻该类病害的发生。

3. 组织脱毒育苗

园林植物中病毒病发生普遍而且严重,许多种苗都带有病毒,利用组织培养技术进行脱毒处理,对于防治病毒病十分有效。如脱毒香石竹苗、脱毒兰花苗等已非常成功。

(三)栽培措施

1. 合理轮作、间作

连作往往会加重园林植物病害的发生,如温室中香石竹多年连作时,会加重镰刀菌枯萎病的发生,实行轮作可以减轻病害。轮作时间视具体病害而定。鸡冠花褐斑病实行 3 年以上轮作即有效。而胞囊线虫病则需时间较长,一般情况下实行 3 ~ 4 年以上轮作。轮作是古老而有效的防病措施,轮作植物须为非寄主植物。通过轮作,使土壤中的病原物因缺乏"食物"而死,从而降低病原物的数量。

2. 合理配植

建园时,为了保证景观的美化效果,往往是许多种植物搭配种植。这样便忽视了病虫害之间的相互传染,人为地造成某些病虫害的发生与流行。如海棠与柏属树种、芍与松属树种近距离栽植易造成海棠锈病及芍药锈病的大发生。因而在园林布景时,植物的配置不仅要考虑美化的效果,还应考虑病虫的为害问题。

3. 科学间作

每种病虫对树木、花草都有一定的选择性和寄主范围,因而在进行花卉育苗生产及花圃育苗时,要考虑到寄生植物与害虫的食性及病菌的寄主范围,尽量避免相同科属及相同寄主范围的园林植物混栽或间作。如黑松、油松等混栽将导致日本松干蚧严重发生；槐树与苜蓿为邻，将为槐蚜提供转主寄主，导致槐树严重受害；多种花卉的混栽，会加重病毒病的发生。

（四）管理描述

1. 加强肥水管理

合理的肥水管理不仅能使植物健壮地生长，而且能增强植物的抗病虫能力。观赏植物应使用充分腐熟且无异味的有机肥，以免污染环境，影响观赏。使用无机肥要注意氮、磷、钾等营养成分的配合，防止施肥过量或出现缺素症。浇水方式、浇水量、浇水时间等都影响着病虫害的发生。喷灌和浇水等方式往往容易引起叶部病害的发生，最好采用沟灌、滴灌或沿盆钵边缘注浇。浇水量要适宜，浇水过多易烂根，浇水过少则易使花木因缺水而生长不良，出现各种生理性病害或加重侵染性病害的发生。浇水时间最好选择晴天的上午，以便及时地降低叶表湿度。多雨季节要及时排水。

2. 改善环境条件

改善环境条件主要是指调节栽培地的温度和湿度，尤其是温室栽培植物，要经常通风换气、降低湿度，以减轻灰霉病、霜霉病等病害的发生。定植密度、盆花摆放密度适宜，以利通风透光。冬季温室温度要适宜，不能忽冷忽热。生长环境欠佳会导致各种花木各种生理性病害及侵染性病害的发生。

3. 合理修剪

合理修剪、整枝不仅可以增强树势、花叶并茂，还可以减少病虫为害。例如，对天牛、透翅蛾等钻蛀性害虫以及袋蛾、刺蛾等食叶害虫，均可采用修剪虫枝等进行防治。对于介壳虫、粉虱等害虫，则通过修剪、整枝达到通风透光的目的，从而抑制此类害虫的为害。秋、冬季节结合修枝，剪去有病枝条，从而减少来年病害的初侵染源。如月季枝枯病、白粉病以及阔叶树腐烂病等。对于园圃修剪下来的枝条，应及时清除。草坪的修剪高度、次数、时间也要合理。

4. 中耕除草

中耕除草不仅可以保持地力，减少土壤水分的蒸发，促进花木健壮生长，提高抗逆能力，还可以清除许多病虫的发源地和潜伏场所。如褐刺蛾、绿刺蛾、扁刺蛾、黄杨尺蛾、草履蚧等害虫的幼虫、蛹或卵生活在浅土层中，通过中耕，可使其暴露于土表，便于杀死。

5. 翻土培土

结合深耕施肥，可将表土或落叶层中的越冬病菌、害虫深翻入土。公园、绿地、苗圃等场所在冬季暂无花卉生长，可深翻一次，这样便将其深埋地下，翌年不再发生为害。

此法对于防治花卉菌核病等效果较好。对于公园树坛翻耕时要特别注意树冠下面和根颈部附近的土层，让覆土达到一定的厚度，使得病菌孢子难以萌发，害虫卵难以孵化或成虫难以羽化。

5. 球茎等器官的收获及收后管理

许多花卉以球茎、鳞茎等器官越冬，为了保障这些器官的健康贮存，在收获前避免大量浇水，以防含水过多造成贮藏腐烂；要在晴天收获，挖掘过程中要尽量避免伤口；挖出后要仔细检查，剔除有伤口、病虫及腐烂的器官，并在阳光下暴晒数日后方可收藏。贮窖要事先清扫消毒，通气晾晒。贮藏期间要控制好温湿度，温度一般在5℃左右，相对湿度宜70%以下。有条件时，最好单个装入尼龙网袋，悬挂于窖顶贮藏。

三、物理机械防治

利用各种简单的机械和各种物理因素来防治病虫害的方法称为物理机械防治法。这种方法既包括古老、简单的人工捕杀，也包括近代物理新技术的应用。

（一）捕杀法

利用人工或各种简单的机械捕捉或直接消灭害虫的方法称捕杀法。人工捕杀适合于具有假死性、群集性或其他目标明显、易于捕捉的害虫。如多数金龟子、象甲的成虫具有假死性，可在清晨或傍晚将其振落杀死；榆蓝叶甲的幼虫老熟时群集于树皮缝、树疤或树杈下方等处化蛹，此时可人工捕杀；冬季修剪时，可剪去黄刺蛾茧、蓑蛾袋囊、刮除毒蛾卵块等。此法的优点是不污染环境，不伤害天敌，不需要额外投资，便于开展群众性的防治。特别是在劳动力充足的条件下，更易实施。

（二）阻隔法

人为设置各种障碍，以切断病虫害的侵害途径，这种方法称为阻隔法，也叫障碍物法。

1. 涂毒环、涂胶环

对有上、下树习性的幼虫可在树干上涂毒或涂胶环，阻隔和触杀幼虫。

2. 挖障碍沟

对不能飞翔只能靠爬行扩散的害虫，可在未受害区周围挖沟，害虫坠入沟中后予以消灭。对紫色根腐病等借助菌索蔓延传播的根部病害，在受害植株周围挖沟能阻隔病菌菌索的蔓延。

3. 设障碍物

有的害虫雌成虫无翅，只能爬到树上产卵。对这类害虫，可在上树前在树干基部设置障碍物阻止其上树产卵。如在树干上绑塑料布或在干基周围培土堆，制成光滑的陡面。山东枣产区总结出人工防治枣尺蠖的经验，"五步防线治步曲"即"一涂、二挖、三绑、四撒、五堆"可有效防治枣尺蠖上树。

4. 土壤覆盖薄膜或盖草

许多叶部病害的病原物是在病残体上越冬的，花木栽培地早春覆膜或盖草可大幅度地减少叶部病害的发生。膜或干草不仅对病原物的传播起到了机械阻隔作用，而且覆膜后土壤温度、湿度提高，加速了病残体的腐烂，减少了侵染来源。另外，干草腐烂后还可当肥料。

5. 纱网阻隔

对于温室保护地内栽培的花卉植物，可采用 40 ~ 60 目的纱网覆罩，不仅可以隔绝蚜虫、叶蝉、粉虱、蓟马等害虫的危害，还能有效地减轻病毒病的侵染。此外，在目的植物周围种植高秆且害虫喜食的植物，可以阻隔外来迁飞性害虫的为害；土表覆盖银灰色薄膜，可使有翅蚜远远躲避，从而保护园林植物免受蚜虫的为害，并减少蚜虫传毒的机会。

（三）诱杀法

利用害虫的趋光性，人为设置器械或诱物来诱杀害虫的方法称为诱杀法。利用此法还可以预测害虫的发生动态。

1. 灯光诱杀

利用害虫的趋光性，人为设置灯光来诱杀害虫的方法称为灯光诱杀法。目前生产上所用的主要是黑光灯，此外还有高压电网灭虫等。

2. 食物诱杀

利用害虫的趋化性及害虫嗜食的食物对害虫进行诱杀。

3. 潜所诱杀

利用害虫在某一时期喜欢某一特殊环境的习性，人为设置类似的环境来诱杀害虫的方法称为潜所诱杀。如在树干基部绑扎草把或麻布片，可引诱某些蛾类幼虫前来越冬；在苗圃内堆集新鲜杂草，能诱集地老虎幼虫潜伏草下，然后集中消灭。

4. 色板诱杀

将黄色黏胶板设置于花卉栽培区域，可诱黏到大量有翅蚜、白粉虱、斑潜蝇等害虫，其中以在温室保护地内使用时效果较好。

（四）温湿度应用

任何生物（包括植物病原物、害虫）对温度有一定的忍耐性，超过限度生物就会死亡。害虫和病菌对高温的忍受力都较差，因此，通过提高温度来杀死病原菌或害虫的方法称温度处理法，简称热处理。

1. 种苗的热处理

有病虫的苗木可用热风处理，温度为 35 ~ 40℃，处理时间为 1 ~ 4 周；也可用 40 ~ 50℃的温水处理，浸泡时间为 10min ~ 3h。如唐菖蒲球茎在 55℃水中浸泡 30min，可以防治镰刀菌干腐病；有根结线虫病的植物在 45 ~ 65℃的温水中处理（先在

30 ～ 35℃的水中预热 30min）可防病，处理时间为 0.5 ～ 2h，处理后的植株用凉水淋洗；用 80℃热水浸泡刺槐种子 30min 后捞出，可杀死种子内小蜂的幼虫，不影响种子发芽率。种苗热处理的关键是温度和时间的控制，一般对休眠器官处理比较安全。对有病虫的植物作热处理时，要事先进行实验。热处理时升温要缓慢，使种苗有个适应温热的锻炼过程。一般从 25℃开始，每天升高 2℃，6 ～ 7d 后达到 37℃左右的处理温度。

2. 土壤的热处理

现代温室土壤热处理是使用热蒸汽（90 ～ 100℃），处理时间为 30min。蒸汽处理可大幅度降低香石竹镰刀菌枯萎病、菊花枯萎病及地下害虫的发生程度。在发达国家，蒸汽热处理已成为常规管理。利用太阳能热处理土壤也是有效的措施。在 7 ～ 8 月份将土壤摊平做垄，垄为南北方向。浇水并覆盖塑料薄膜。在覆盖期间要保证有 10 ～ 15d 的晴天，耕层温度可高达 60 ～ 70℃，能基本上杀死土壤中的病原物。温室大棚中的土壤也可照此法处理。当夏季花木搬出温室后，将门窗全部关闭并在土壤表面覆膜，能较彻底地消灭温室中的病虫害。

（五）放射处理

近几年来，随着物理学的发展，生物物理也有了相应的发展。因此，应用新的物理学成就来防治病虫，也就具有了愈加广阔的前景。原子能、超声波、紫外线、激光、高频电流等在病虫害防治中得到应用。

四、生物防治

生物防治就是利用有益生物或生物的代谢产物来防治病虫害的方法

在自然界中，生物与生物之间存在着相制约的关系。为害园林植物的病虫种类尽管很多，但真正造成严重为害的种类并不多，大多都受到自然因子的控制，其中最重要的自然控制因子就是天敌。天敌依靠病虫提供营养，从而抑制了病虫数量的增长。同时病虫数量的减少又制约了天敌数量的进一步增长，天敌数量的减少又使得病虫数量逐渐恢复，天敌数量也不断增加，这样使得病虫和天敌的种群数量一直处于一种动态平衡之中。天敌和病虫之间的这种相互促进、相互制约的食物链关系，使得病虫种群在自然状态下一直处于一种较低的水平。在生物防治中，人们充分利用天敌来加强对病虫害的防治，其优点是不污染环境，病虫害不易产生抗性，而且还有持久控制病虫的作用，是实施可持续植保的一项重要内容；其不足是控制效果往往有些滞后，在病虫大量发生或暴发时，还必须辅助于其他防治方法。生物防治一般包括天敌昆虫的利用、微生物的利用等方法来防治病虫害。

（一）天敌昆虫的利用

天敌昆虫按取食方式可分为捕食性天敌昆虫和寄生性天敌昆虫两大类。捕食性昆虫可直接杀死害虫，种类很多，分属 18 个目、近 200 个科，常见的有蜻蜓、螳螂、猎蝽、花蝽、草蛉、步甲、瓢虫、食虫虻、食蚜蝇、胡蜂、泥蜂、蚂蚁等，其中又以瓢虫、草蛉、食蚜蝇等最为重要。一般捕食性昆虫食量都较大，如大草蛉一生捕食蚜虫可达1000多头，而七星瓢虫成虫1d就可捕食10多头蚜虫。另外在自然界中，还有少数的天敌取食病菌的孢子。

寄生性天敌昆虫不直接杀死害虫，而是寄生在害虫体内，以害虫的体液和组织为食，害虫不马上死亡，当天敌长大后，害虫才逐渐死亡。寄生性昆虫分属5个目、近90个科，常见的有姬蜂、茧蜂、小蜂等膜翅目寄生蜂和双翅目的寄生蝇。寄生蜂的种类很多，有的专门寄生在害虫的卵内，以害虫卵内的物质作为营养，并在卵内发育为成虫，称卵寄生蜂，如各种赤眼蜂、黑卵蜂和部分跳小蜂等。有的筍生在害虫的幼虫和蛹内，如姬蜂、茧蜂和部分小蜂等，称内寄生蜂；有的寄生在害虫的体外，如土蜂成虫找到蛴螬后，立即将其蛰昏，将卵产在蛴螬体表，幼虫孵化后在其体外取食，称外寄生蜂。

在园林生产中，利用天敌昆虫防治病虫害主要有4种途径：

1. 保护和利用本地天敌

一是创造有利于天敌生存繁衍的条件。例如，在发生华北大黑和二黑鳃金龟的绿地周围种植红麻等植物能招引大量臀钩土蜂等成虫，可有效地控制金龟子的危害。再例如，广东在甘蔗田中间作豆科绿肥，促进田间降温增湿，避免了赤眼蜂在高温干燥条件下死亡，同时绿肥也为赤眼蜂提供了大量的蜜源，延长了成虫的寿命，提高了产卵量，大大高了赤眼蜂对甘蔗螟虫卵的寄生率。二是合理选用农药，避免和减轻对天敌的伤害。在病虫大量发生必须使用化学防治时，要尽量选用对天敌杀伤小、低毒的农药。

2. 人工大量繁殖和释放天敌

通过人工大量繁殖，可在较短时间内获得大量的天敌昆虫，在适宜的时间释放到田间，补充天敌的数量，可达到控制害虫的目的，而且收效快。人工繁殖和释放天敌控制害虫成功的例子在国内外均有报道。在我国饲养和释放天敌方面研究和利用最多的是赤眼蜂属的多种卵寄生蜂。通过人工繁育，1只柞蚕雌成虫所产的卵可育出赤眼蜂1万多头。将柞蚕卵制成卵卡，接种赤眼蜂后保存在3~10℃的温度下，每卵可育出赤眼蜂成虫50~60头以上。当目标害虫产卵时，适时取出放蜂，赤眼蜂羽化后可立即寻找害虫卵块产卵寄生。而且，赤眼蜂的寄主范围较广，多以鳞翅目昆虫的卵为主。当防治对象处于低种群密度时，可以找到别的虫卵作为替代寄主以保持赤眼蜂的数量水平。同时赤眼蜂的人工繁殖技术研究得比较成功，不仅可以用多种昆虫的卵繁殖赤眼蜂，而且以人工配料制成的人工卵繁殖赤眼蜂也已获得成功。捕食性天敌中研究最多的是草蛉。我国常见的草蛉有10多种，幼虫捕食蚜虫、介壳虫、粉虱及螨类，也可捕食一些鳞翅目幼虫及卵。部分草蛉的成虫也可捕食害虫。繁殖草蛉可用米蛾，也可用人工饲料及假卵。如河北、北京等地释放草蛉防治棉铃虫、果树叶螨和温室白粉虱都取得了较好的效果。

3. 天敌的助迁

就是从附近农田或绿地，人工采集目标害虫天敌的各种虫态，移放到需要防治的农田和绿地中，以补充天敌数量的不足，达到控制害虫的目的。例如，在华北棉区，当棉区中棉蚜发生时，从小麦田中采集七星瓢虫的幼虫、蛹和成虫移放到棉田中，可及早控制棉蚜的为害。

4. 天敌的引进和驯化

从外国或外地引进天敌来防治本国或本地的害虫，是生物防治中常用的方法。引进天敌的目的在于改善和加强本地的天敌组成，提高对害虫的自然控制效果。特别是对一些新输入的害虫，由于该害虫离开了原发生地，失去了原发生地的天敌控制而暴发成灾，这时就需要从害虫的原产地去寻找有效天敌，引进和驯化后，再繁殖和释放，以达到控制害虫的目的。

19世纪中叶，美国从澳大利亚引进澳洲瓢虫防治柑桔吹绵蚧，取得了极大的成功。随后，该天敌昆虫又被引入到亚、非、欧、拉美等的许多国家，都取得了长期控制吹绵蚧的效果。我国1955年引入澳洲瓢虫，在广东、四川、陕西等区防治柑桔吹绵蚧均取得了显著成效。据统计，加拿大在1910～1915年，由国外引入200种近10亿头食虫昆虫，以防治68种害虫。美国到目前为止已经从国外引进天敌520余种，其中115种被驯化，20种在防治某些害虫上产生了重要作用。

（二）病原微生物的利用

利用病原微生物防治病虫害的方法称为微生物防治法。微生物防治法具有对人畜安全，并具有选择性，不杀伤害虫的天敌等优点。在自然界中，可用于微生物防治的病原微生物已知有1000多种，其种类有细菌、真菌、放线菌、病毒以及线虫等。

1. 以细菌治虫

害虫感染病原细菌后，往往表现为虫体发软，血液有臭味，常称为"败血病"。在已知的昆虫病原细菌中，作为微生物杀虫剂在农业生产中大量使用的主要是芽孢杆菌属的苏云金杆菌。

苏云金杆菌是从德国苏云金的地中海粉螟幼虫体中分离得到的，现在已知的苏云金杆菌有32个变种。1957年在美国开始了苏云金杆菌的工厂化生产，受到各国的重视。由于苏云金杆菌易工厂化培养，对人畜安全，对植物无药害，现在广泛用于无公害食品或"绿色食品"生产中。但苏云金杆菌容易被紫外线灭活，而且对饲养的家蚕也有很强的毒害作用，因此在蚕区应慎用。

乳状芽孢杆菌是另一种形成商品的昆虫病原细菌，主要用于防治金龟子幼虫。由于芽孢有折光性，罹病的昆虫成乳白色，因而得乳状杆菌之名。这种细菌已知可防治50多种金龟子，得病的昆虫死前活动量加大，从而扩大了传染面。乳状芽孢杆菌耐干旱，在土壤中可保持活力数年之久。但该菌必须以活体培养法生产菌粉，从而限制了它的发展

2. 以真菌治虫

昆虫的致病微生物中，由真菌致病的最多，约占60%以上。昆虫真菌病的共同特征是，

当昆虫被真菌感染后，常出现食欲锐减、体态萎靡、皮肤颜色异常等现象。被真菌致死的昆虫，其尸体都硬化，外形干枯，所以一般又把昆虫真菌病称为硬化病或僵病。全世界目前已知的致病真菌有530多种，而已经用于防治害虫的有白僵菌、绿僵菌、拟青霉菌、多毛菌、赤座霉菌和虫霉菌。白僵菌和绿僵菌已形成规模生产。

白僵菌属属于半知菌，已知30多种，其中用于防治农林害虫的有球孢白僵菌和卵孢白僵菌，这两种真菌的寄主昆虫约200种。白僵菌靠分生孢子接触虫体表皮，在适宜条件下萌发，生出芽管，穿透表皮进入虫体，大量繁殖并分泌代谢产物白僵菌素，2～3d后昆虫死亡。因为菌丝充塞虫体并吸干了虫体的水分，所以虫尸僵直。菌丝从虫尸节间膜和气门伸出体外似白色绒毛状，白僵之名由此而得。

绿僵菌也是一种寄生范围很广的昆虫病原真菌。已知可寄生200多种昆虫和螨类。

虫霉菌可感染蚜虫、蝗虫及一些双翅目的昆虫。本属中的蚜霉是蚜虫重要的致病真菌，用于防治棉蚜、桃蚜及菜缢管蚜等，虫霉可使稻蝗发生"抱草瘟"。

使用病原真菌的成败常决定于空气的湿度，因为真菌分生孢子只能在高湿度条件下发芽，而干燥的条件下，真菌孢子很快失去活力。紫外线下，昆虫致病真菌容易失活。因此在田间使用昆虫病原真菌时，应在傍晚至凌晨和有雨露时效果会好一些。

3. 以病毒治虫

昆虫病原病毒虽研究较晚，但由于它的特殊性和重要性，所以发展很快。昆虫病毒的专化性极强，一般一种病毒只感染一种昆虫，只有极个别种类可感染几种近缘昆虫。感染昆虫的病毒不感染人类、高等动植物及其他有益生物，因此使用时比较安全。由于昆虫病毒感染的昆虫专一，可以制成良好的选择性病毒杀虫剂，而这种杀虫剂对环境的干扰最小，这也是利用病毒治虫的最大优点之所在。但昆虫病毒的杀虫范围太窄是其最大的缺点。山西省太行山区利用核多角体病毒，防治枣大尺蠖一举成功，成为我国防治史上的重要篇章。昆虫病毒通过口器进入昆虫体内，在昆虫的体壁、脂肪体、血液中细胞里增殖后，离开感染细胞，再侵入健康细胞，使昆虫死亡。死亡的昆虫无臭味，与细菌致死的症状不同。昆虫病毒是专性寄生物，主要是通过活体培养，这给大规模生产带来一定的困难。有人曾致力于组织培养法来生产病毒，取得了一定的进展，但目前尚未到实用阶段，现在生产病毒的方法主要还是利用害虫活体进行繁殖。

4. 以线虫治虫

昆虫线虫是一类寄生于昆虫体内的微小动物，属线形动物门。能随水膜运动寻找寄主昆虫，从昆虫的自然孔口或节间膜侵入昆虫体内。昆虫线虫不仅直接寄生害虫，而且可携带和传播对昆虫有致病作用的嗜虫杆菌。此杆菌可在虫体内产生毒素，杀死害虫。由于昆虫线虫能在人工培养基上大量繁殖，且侵染期线虫可贮存较长时间，能用各种施药机械施用，故在国际上昆虫线虫已作为一种生物杀虫剂进行商品化生产。我国目前能够利用液体培养基培养进行工厂化生产的有斯氏线虫和格氏线虫，用于大面积防治的目标害虫有桃小食心虫、小木蠹蛾和桑天牛等。

5. 以菌治病

不同微生物之间相互斗争或排斥的现象，称为抗生现象。相互斗争的相斥作用称为拮抗作用。微生物种类众多，其中放线菌、真菌和细菌都可应用于植物病害的生物防治。

（1）抗生菌

凡是对病原有拮抗作用的菌类，称为抗生菌。利用抗生菌防治植物病害始于 20 世纪 30 年代，高潮期在 50 年代。以分离筛选拮抗菌为主，所防治的对象是土传病害，特别是种苗病害。主要的施用方法是在一定的基物上培养活菌用于处理植物种子或土壤，效果相当明显。60 年代后，随着生态学理论的渗透，特别是微观生态学的兴起，病害生物防治进一步受到重视。一方面抗生菌的范围已经由原先的放线菌扩大到土壤中生长繁殖较快的真菌、细菌等微生物，植物体表面、根际、叶面甚至植物体内的各种微生物都被视为丰富的抗生菌资源。另一方面植物病害抗生菌的作用方式，已不只是限于产生抗生素，而可能是营养物质的争夺、侵染点的占领、诱导植物产生免疫力，乃至直接对病原物的袭击等。因此，抗生菌的含义也有了延伸，而被称为拮抗微生物。

（2）重寄生物

重寄生是一种寄生物被另一种寄生物所寄生的现象。利用重寄生物进行植物病害的控制是近年来病害生物防治的重要领域。病原物的重寄生有多种类型，其中较常见并在生物防治实践中应用的有重寄生真菌和真菌病毒两类。

①重寄生真菌

植物病原真菌被另一种真菌寄生的现象，称为真菌的重寄生。如多种罗兹壶菌寄生并破坏其他卵菌和壶菌；丛梗孢目真菌寄生腐霉菌，导致其菌丝、孢子囊和卵孢子等器官被破坏。在重寄生真菌中，木霉菌对病原菌的控制机制主要是重寄生（直接破坏病原物的菌丝、菌核和子实体）、抗生（其代谢产生抗生素或内酶可控制病原物）和竞争（其广泛存在于耕地和非耕地的土壤中，生长迅速且产孢量大，是生存空间和营养物的有力竞争者）。木霉菌已经不同程度地应用于经济植物的防病和治病。

②真菌病毒

20 世纪 60 年代初，研究人员从患病的蘑菇上提纯了真菌病毒，迄今为止已从百多种真菌上发现病毒，这些病毒大多含有双链 RNA 基因组。研究发现，一些真菌病毒可以改变或削弱病原菌的致病力。如在欧洲发现的粟疫病菌的低致病系，就是因为病毒作用的结果，低致病系可经过昆虫介体传染，使强致病系失去活力。法国曾用人工接种低致病系的办法在大面积粟树林中控制了疫病的危害。

（3）抑制性土壤

抑制性土壤，又称抑病土，其主要特点是：病原物引入后不能存活或繁殖；病原物可以存活并侵染，但感病后寄主受害很轻；或病原物在这种土壤中可以引起严重病害，但经过几年或几十年发病高峰之后病害减轻至微不足道的程度。一般认为抑病土中微生物的抑制作用有两种：一种是一般性抑制，表现为微生物活性总量在病原物的关键时期起作用，如争夺营养、空气和空间等，使病原孢子的萌发、前期芽管生长受阻，从而影响病原的入侵。一般性抑制通常在肥沃土壤，且土质结构较好的条件下形成抑制。另一种是专化性抑制，它是指特定的微生物对一定病原物的抑制，从小麦全蚀病衰退田的抑病土分析证明，荧光假单孢细菌起主要作用。

（三）其他有益动物的利用

除天敌昆虫以外，还有许多捕食害虫或寄生于害虫体内外的其他动物，对害虫的控制起到一定的作用。

1. 以蜘蛛和螨类治虫

蜘蛛只捕食昆虫，不危害作物，且仅仅捕食活体昆虫。蜘蛛具有种类多、数量大、繁殖快、食性广、适应性强、迁移性小等优点，是众多害虫的一类重要的天敌。各种飞虱、叶蝉、叶螨、蚜虫、蝗螨、鳞翅目昆虫的卵、幼虫及其他昆虫都是蜘蛛的捕食对象。

许多捕食性螨类是植食性螨类的重要天敌。其中植绥螨种类众多，且分布广，可捕食果树豆类、棉花、蔬菜等多种植物上的害螨。另外，部分绒螨的若虫常附在蚜虫体表营外寄生生活，影响蚜虫的生长和发育。

2. 以蛙类治虫

蛙类属于脊椎动物中的两栖动物，包括蟾蜍、青蛙等。蛙类主要以昆虫及其他小动物为食。其食物多为生产上的害虫，如螟虫、飞虱、叶蝉、蚜虫、蝽类、蚊、蝇及多种鳞翅目的幼虫和成虫

3. 以鸟治虫

鸟类属脊椎动物，主要以昆虫为食。常见的益鸟有啄木鸟、大山雀、家燕等23种。鸟类中的啄木鸟有"森林医生"的称号，通过其利嘴长舌，可在树干上凿洞，然后取食树干中的蛀干昆虫。

五、化学防治

（一）化学防治的重要性

化学防治是指利用化学农药防治病虫害的方法，这种方法又称为植物化学保护。化学防治的重要性主要体现在以下几个方面：

（1）运用合理的化学防治法，对农业增产效果显著。一般每使用1元钱的农药，能使农业产值增加5～8元。

（2）在当今世界各国都在提倡的IPM系统中，还缺乏很多有效、可靠的非化学控制法。如生产技术的作用常是有限的；抗性品种还不很普遍，对多数有害生物来讲抗性品种还不

是很有效；有效的生物控制技术多数还处在试验阶段，有的虽然表现出很有希望，但实际效果有时还不稳定。

（3）化学防治有其他防治措施所无法代替的优点。

（二）化学防治的优点

概括起来，化学防治的优点有以下几个方面。

1.防治对象广

几乎所有植物病虫害均可采用化学农药防治。

2.见效快，效果好

既可在病虫发生前作为预防性措施，以避免或减少危害，又可在病虫发生之后作为急救措施，迅速消除危害，尤其对暴发性害虫，若施用得当，可收到立竿见影的效果。

3.使用方法简便灵活

许多化学农药都可兑水直接喷雾，可根据不同防治对象改变使用浓度，使用简便灵活。

4.成本较低

化学农药可以工厂化生产，大量供应，适于机械化作业，成本低廉。

但上述优点是相对于其他防治措施而言的，在某种条件下有些优点甚至是其缺点。为此，在使用化学方法防治有害生物时，应趋利避害，扬长避短，使化学防治与其他防治方法相互协调，以达到控制有害生物的目的。

（三）化学防治的局限性及其克服途径

尽管化学防治在病虫害综合防治中占有极其重要的地位，但化学防治也存在许多不足。

1.引起病虫产生抗药性

抗药性是指害虫或病菌具有忍受农药常规用量的一种能力。

很多病虫一旦对农药产生抗性，则这种抗性很难消失。许多害虫和害螨对农药还会发生交互抗性。害虫抗药性的机制主要表现在物理保护作用和生理解毒作用两个方面。针对害虫抗药性的特点，其克服措施主要有：

（1）综合防治。这是防止和克服害虫抗药性的重要方法。

（2）交替使用农药。选用作用机制不同的无交互抗性的杀虫剂进行交替使用，可延缓害虫抗药性的产生。

（3）合理混用农药。作用机制或代谢途径不同的农药混用，可避免和延缓抗药性的产生。

（4）使用增效剂。增效剂其本身不具有毒效功能，但与杀虫剂以适当比例混合，能使某些农药的防治效果提高几倍至几十倍。

植物病原菌抗性菌系的抗性原理主要表现在两个方面：一是病菌使药剂渗入细胞膜的能力降低，致使药剂到达蛋白质合成部位的剂量大大减少，因而表现出抗药性；二是病菌增强了对药剂的解毒能力。而对抗药性病菌的克服途径，可采用与防治抗药性害虫相似的对策，即采用综合防治法、改用其他药剂、交替用药及合理混用药剂等。

2. 杀害有益生物，破坏生态平衡

化学防治虽然能有效地控制病虫的为害，但也杀伤了大量的有益生物，改变了生物群落结构，破坏了生态平衡，常会使一些原来不重要的病虫上升为主要病虫，还会使一些原来已被控制的重要害虫因抗药性的产生而形成害虫再猖獗的现象。

克服农药对有益生物不良影响的途径主要有：

（1）使用选择性或内吸性农药。

（2）提倡使用有效低浓度即使用农药的浓度只要求控制 80% 左右的有害生物的浓度。它的优点是既减少了用量，又降低了成本。特别是降低了农药的副作用，如减少对有益生物的杀伤，减缓有害生物抗药性的产生以及降低了农药对环境的污染。

（3）选用合理的施药方法。因不同的施药方法对天敌的影响不同。如用毒土法则比喷雾法对蜘蛛的伤害小；用内吸剂涂茎比喷雾法对瓢虫等天敌安全得多。

（4）选择适当的施药时期。施药时间不同对天敌的影响也不同。如在天敌的蛹期施药较为安全；对寄生蜂类应避开羽化期施药等。

3. 农药对生态环境的污染及人体健康的影响

农药不仅污染了大气、水体、土壤等生态环境，而且还通过生物富集，造成食品及人体的农药残留，严重地威胁着人体健康。为了使化学防治能在综合治理系统中充分发挥有效作用而又不造成环境污染，人们正在致力于研究与推广防止农药污染的措施。目前主要的预防技术有：

（1）贯彻"预防为主，综合防治"植保方针，最大限度地利用抗病虫品种和天敌的控制作用，把农药用量控制到最低限度。

（2）开发研究高效、低毒、低残留及新型无公害的农药新品种。

（3）改进农药剂型，提高制剂质量，减少农药使用量。

（4）严格遵照农药残留标准和制订农药的安全间隔期。

（5）认真宣传贯彻农药安全使用规定，普及农药与环境保护知识，最大限度地减少农药对环境的污染。

4. 化学防治成本上升

由于病虫抗药性的增强，使农药的使用量、使用浓度和使用次数增加，而防治效果往往很低，从而使化学防治的成本大幅度上升。

六、外科治疗

一些园林树木常受到钻蛀型害虫的危害，尤其对于古树名木等名贵树种，由于树体久经风霜，受到多种病虫害的侵染，常形成大大小小的树洞和创痕，对此类病虫害的防治需要及时进行外科手术治疗，对受损植株采用药剂填补或树洞填充，使树木健康地成长，重新恢复生机，健康成长。

对于轻度的表层损伤，一般损伤面积不大，进行树缝修补填封即可。基本方法是用高分子化合物——聚硫密封剂封闭伤口。在封闭前需要对伤疤进行清洗消毒，常用 30 倍的硫酸铜溶液喷涂两次，晾干后密封，最后用适当油漆等进行外表修饰。

对于树洞的治疗稍显复杂，先对树洞进行清理、消毒，把树洞内积存的杂物、腐烂部分全部刮除，用 30 倍的硫酸铜溶液喷涂树洞消毒。对于一般树洞，树洞边材完好时，采用假填充法修补，在洞口上固定钢板网，其上铺 10 ~ 15cm 厚的水泥砂浆，外层用聚硫密封剂密封，外表稍加修饰；树洞较大时，边材部分损伤，则采用实心填充。

七、其他防治措施

在害虫防治方面，还有性外激素和害虫不育剂的应用。性外激素是昆虫分泌在体外的挥发性的，用于同种昆虫的个体之间进行信息交流的物质，可以吸引异性前来交尾。性外激素已能人工合成，自 20 世纪 70 年代以来，人工合成性信息素开始用于一些害虫的预测预报和防治。近十几年来国内外都在积极地探索利用昆虫性外激素来防治害虫，以提高综合防治效果，这是植保工作的一条新途径。

性外激素与不育剂防治的原理主要是诱杀和干扰交配。性诱剂往往结合杀虫剂或杀虫灯等使用，诱杀大量雄虫，使自然界害虫雌、雄性比失去平衡，干扰害虫的正常交配，以减少下一代虫口数量，达到防治害虫的效果。利用不育剂防治害虫，又称自灭防治法、自毁技术，主要是利用辐射不育、化学不育剂等方法，破坏昆虫生殖腺的生理功能，或利用昆虫遗传成分的改变，使雄性不产生精子、雌性不排卵或受精卵不能正常发育。将这些大量的不育个体释放到自然种群中干扰交配，造成自然种群后代不育。

在日常的养护管理中，将常规的喷粉、喷药、诱杀等方法与以上介绍的几种方法相结合，还可大大提高病虫害的防治效果。

第三节　植物病虫害的综合治理

一、害虫综合治理的概念和特点

植物病虫害的防治方法很多，各种方法各有其优点和局限性，实践证明，单靠任何一种防治措施并不能达到植物病虫害的持续有效治理，必须注意这几种方法的有机结合运用。

（一）害虫综合治理的概念和特点

1967 年，联合国粮食和农业组织（FAO）有害生物综合治理专家小组对综合治理给出如下定义：害虫综合治理（IPM）是一种害虫管理系统，按照害虫种群的种群动态及相关的环境关系，采取适当的技术和方法，使其尽可能地互不矛盾，保持害虫种群数量处在经济受害水平之下。1985 年，在第二次全国农作物病虫害综合防治学术研讨会上，有害生物综合治理的内涵得到了进一步丰富：综合治理是对有害生物进行科学管理的体系。它从农业生态系统总体出发，根据有害生物和环境之间的相互关系，充分发挥自然控制因素的作用，因地制宜地协调应用必要的措施，将有害生物控制在经济受害水平之下，以获得最佳的经济、生态和社会效益

简而言之，有害生物综合治理就是根据生态学的原理和经济学的原则，选取最优化的技术组配方案，把有害生物种群数量较长时期地稳定在经济损害水平之下，以获得最佳的经济、生态和社会效益。

（二）害虫综合治理的概念和特点

结合大量的生产实践，有害生物综合治理不断地得以完善，主要具有以下几个特点：

第一，允许害虫在经济损害水平以下继续存在。IPM 的目标不是消灭害虫，而是控制其种群密度。

第二，以生态系统为单位。害虫是生态系统中的一个重要的组成成分，防治害虫必须全面考虑整个生态系统。人类的一切活动如耕作、栽培技术的运用（包括品种的选择、病虫害的预测预报等）都会对病虫害的防治产生强烈的影响。系统中每一项措施的运用都可能导致目标之外的另一类有害生物的种群变动，而综合治理就是控制生态系统，既要使害虫维持在经济损害水平以下，又要避免破坏生态系统。

第三，充分利用自然控制因素的作用。强调利用自然界环境因子对病虫数量的控制因素，如利用降雨、气温、天敌等的作用达到调控病虫害发生的目的。

第四，强化各种防治措施的优化组合。各种防治措施各有利弊，合理运用各种防治措施，使其相互协调，取长补短，在综合考虑各种因素的基础上，优化组合，以求最佳。

第五，提倡多学科协助。随着社会的进步和科学技术的发展，生态系统的组成与功能也在不断地发生变化，面对复杂多变的生态系统，我们不仅需要农学、气象、遗传与变异等方面的知识，同时，也需要数学、电子、物理、化学、分子等方面的知识，提倡各学科专家积极开展项目合作开发，综合各科技术优势，实行多方位联合防控，共同探究生物病虫害的综合治理技术与应用。

二、综合治理遵循的原则

植物病虫害综合治理是一个病虫控制的系统工程，即从生态学观点出发，在整个园林

植物生产、引种、栽培及养护管理等过程中，都要有计划地应用园林栽培管理技术、物理机械防治等改善生态环境，使自然防治和人为防治手段有机地结合起来，有意识地加强自然防治能力。

在实行综合治理的过程中，主要从以下几个方面出发：

（一）从生态学角度出发

园林植物、病虫、天敌之间有的相互依存，有的相互制约。当它们共同生活在一个环境中时，它们的发生、消长、生存又与这个环境的状态关系极为密切。这些生物与环境共同构成一个生态系统。综合治理就是在育苗、移栽和养护管理过程中，通过有针对性地调节和操纵生态系统里某些组成部分，创造一个有利于植物及病虫天敌生存，而不利于病虫滋生和发展的环境条件，从而预防或减少病虫的发生与危害。

（二）从安全角度出发

根据园林生态系统里各组成成分的运动规律和彼此之间的相互关系，既针对不同对象又考虑对整个生态系统当时和以后的影响，灵活、协调地选用一种或几种适合园林实际的有效技术和方法。如园林管理技术、病虫天敌的保护和利用、物理机械防治、化学防治等措施。对不同的病虫害，采用不同对策。几项措施取长补短，相辅相成，并注意实施的时间和方法达到最好的防治效果。同时将对生态系统内外产生的副作用降到最低限度，既控制了病虫危害，又保护了人、天敌和植物的安全。

（三）从保护环境，恢复和促进生态平衡出发

植物病虫害综合治理并不排除化学农药的使用，而是要求从病虫、植物、天敌、环境之间的自然关系出发，应科学地选择及合理地使用农药。在城市园林中应特别注意选择高效、无毒或低毒、污染轻、有选择性的农药（如苏云金杆菌乳剂、灭幼脲等），防止对人畜造成毒害，减少对环境的污染，充分保护和利用天敌，逐步加强自然控制的各个因素，不断增强自然控制力。

（四）从经济效益角度出发

防治病虫是为了控制病虫的危害，使其危害程度低到不足以造成经济损失。因而经济允许水平（经济阈值）是综合治理的一个重要概念。人们必须研究病虫的数量发展到何种程度时，才能采取防治措施，以阻止病虫达到造成经济损失的程度，这就是防治指标。病虫危害程度低于防治指标，可不防治；否则，必须掌握有利时机，及时防治。需要指出的是：在以城镇街道、公园绿地、厂矿及企事业单位的园林绿化为主体时，则不完全适合上述经济观点。因该园林模式是以生态及绿化观赏效益为目的，而非经济效益，且不可单纯为了追求经济效益而忽略病虫的防治。

三、综合治理的策略及定位

植物病虫害防治策略，随着认识水平和科技水平的提高，从以防为主、综合治理、有害生物的综合治理（IPM）、强化生态意识、无公害控制，到目前要求的共同遵循可持续发展的准则，这是在认识上逐步提高的过程。要求我们在理念上调整为：从保护园林植物的个体、局部，转移到保护园林生态系统以及整个地区的生态环境上来。

植物病虫害防治的定位：既要满足当时当地某一植物群落和人们的需要，还要满足今后人与自然的和谐、生物多样性以及保持生态平衡和可持续发展的需要。

病虫害是园林植物生产栽培、育种改良、养护管理过程中遇到的主要问题，几乎每一种园林植物都会因为不良环境影响或病虫侵害而遭受损害。园林植物病虫害的发生常由于绿化带的地理条件复杂、小环境气候多样化、植物品种单一、养护管理不及时、监管不到位、人口密集等原因，园林植物病虫害易流行发生，同时，相对农作物病虫害的防治而言，具有防治难度大、成本高，不宜使用常规的、污染大、异味重的防治方法。

四、园林植物病虫害防治的特点及其综合治理

随着社会的发展，园林植物在生产生活中的地位越来越重要，园林植物大体上可分为两大类群：一是城镇、景区等露地栽培的各种乔木、灌木、草本植物、藤本植物、地被植物、草坪等；二是主要以保护地（日光温室或各种温棚等）形式种植的盆栽花卉、切花植物及观赏苗木。

（一）园林植物病虫害防治的特点

一方面，园林植物大多位于城镇、公园、广场、景点等人口密集、人类活动频繁的地区，其病虫害的发生特点具有受人类活动影响大，经常修剪，管理粗放，立地环境条件复杂，小环境、小气候变化多样等特点，病虫害的发生、传播及扩散往往受人类活动的影响大，容易遭受外来入侵生物的侵袭。另一方面，园林植物多种植在休闲园区、景区等人员活动频繁的区域，其病虫害的防治要求无异味、无刺激、无污染等。而生产种植的盆栽花卉、切花植物及观赏苗木病虫害的发生则具有植物品种单一，种植密集，环境湿度大，且多在保护地内栽培，病源及虫源基数均较高，病虫害发生重且易流行，防治难度大等特点。

随着社会的变化和园林事业的不断发展，园林植物的高效养护管理工作尤显重要。

（二）园林植物病虫害的综合治理

近年来，我国的农业可持续发展战略对园林植物病虫害的防治提出了新的要求，必须实施有害生物的可持续控制，减少化学农药的使用，发展以生物资源为主体的技术体系，实现环境与经济的协调发展。人们对园林植物病虫害防治的认识也逐步提升，从预防为主、综合治理、有害生物综合治理（IPM）到有害生物的可持续控制（SPM），强化了生态意识，

体现了从保护园林植物个体、局部到保护园林生态系统以及整个地区的生态环境协同治理的策略在园林植物病虫害的防治上，应以生态园林为目标，遵循预防为主、综合防治的植保方针，坚持安全、经济、简便、有效的防治原则，以园林技术措施为基础，因地制宜地协调好物理机械防治、化学防治、生物防治等多种防治方法，充分发挥生态因子对害虫种群的控制作用，将病虫种群数量控制在不足以造成危害的水平之下，以获得最佳的经济、生态、社会效益。

总之，园林植物病虫害的防治要在预防为主、综合防治的植保方针指引下，注重安全，尤其在使用化学农药时，要注意对人、环境、天敌及植物的安全，因地制宜地综合多种防治措施，采用既行之有效，又安全可靠的方法。

第七章 园林工程施工应用研究

园林是在一定地域内运用工程技术和艺术手段，通过因地制宜地改造地形、整治水系、栽种植物、营造建筑和布置园路等方法创作而成的优美的游憩境域。园林包括庭园、宅园、小游园、花园、公园、植物园、动物园等随着园林学科的发展，还包括森林公园、风景名胜区、自然保护区或国家公园的游览区以及修养胜地。

在园林工程建设过程中，设计工作诚然是十分重要的，但设计仅是人们对工程的构思，要将这些工程构想变成物质成果，就必须要通过工程施工这个环节才能实现。

园林工程施工是指通过有效的组织方法和技术措施，按照设计要求，根据合同规定的工期，全面完成设计内容的全过程。

第一节 园林建设工程概述

一、园林工程与园林建设工程的含义

1. 园林工程的含义

《中国大百科全书——建筑·园林·城市规划》卷中的"园林工程"条目：园林、城市绿地和风景名胜区中除园林建筑工程以外的室外工程，园林地貌创作的土方工程、园林筑山工程（如掇山、塑山、置石等）、园林理水工程（如驳岸、护坡、喷泉等工程）、园路工程、园林铺地工程、种植工程（包括种植树木、造花坛、铺草坪等）。研究园林工程原理、工程设计和施工养护技艺的学科称为"园林工程学"。它的任务是应用工程技术来表现园林艺术，使地面上的工程构筑物和园林景观融为一体。

《中华人民共和国行业标准园林基本术语标准》中的"园林工程"条目：园林中除建筑工程以外的室外工程。

从上述园林工程的含义来讲，园林工程本身是不包含园林建筑工程的。

2. 园林建设工程的含义

园林建设是为人们提供一个良好的休息、文化娱乐、亲近大自然满足人们回归自然愿望的场所，是保护生态环境、改善城市生活环境的重要措施。

园林建设工程是建设风景园林绿地的工程，泛指园林城市绿地和风景名胜区中涵盖园

林建筑工程在内的环境建设工程，包括园林建筑工程、土方工程、园林筑山工程、园林理水工程、园林铺地与园路工程、绿化工程等，它是应用工程技术来表现园林艺术使地面上的工程构筑物和园林景观融为一体。

二、园林工程的特点

园林工程的产品是建设供人们游览、欣赏的游憩环境，形成优美的环境空间，构成精神文明建设的精品，它包含一定的工程技术和艺术创造，是山水、植物、建筑、道路等造园要素在特定境域的艺术体现。因此，园林工程和其他工程相比有其突出的特点，并体现在园林工程施工与管理的全过程之中，园林工程的特点主要表现在以下几方面：

1. 生物性与生态性

植物是园林最基本的要素，特别是现代园林中植物所占比重越来越大，植物造景已成为造园的主要手段。由于园林植物品种繁多、习性差异较大、立地类型多样，园林植物栽培受自然条件的影响较大。为保证园林植物的成活和生长，达到预期设计效果，栽植施工时就必须遵守一定的操作规程，养护中必须符合其生态要求，并要采取有力的管护措施。这些就使得园林工程具有明显的生物性特点。

园林工程与景观生态环境密切相关。如果项目能按照生态环境学理论和要求进行设计和施工，保证建成后各种设计要素对环境不造成破坏，能反映一定的生态景观，体现出可持续发展的理念，就是比较好的项目。进行植物种植、地形处理、景观创作等时，都必须切入这种生态观，以构建更符合时代要求的园林工程。

2. 艺术性与技术性

园林工程的另一个突出特点是具有明显的艺术性，园林工程是一种综合景观工程，它不同于其他的工程技术，而是一门艺术工程。园林艺术是一门综合性艺术，涉及造型艺术、建筑艺术和绘画雕刻、文学艺术等诸多艺术领域。园林要素都是相互统一、相互依存的，共同展示园林特有的景观艺术，比如瀑布水景，就要求其落水的姿态、配光、背景植物及欣赏空间相互烘托。植物景观也是一样，要通过色彩、外形、层次、疏密等视觉来体现植物的园林艺术。园路铺装则需充分体现平面空间变化的美感，使其在划分平面空间时不以是具有交通功能。要使竣工的工程项目符合设计要求，达到预定功能，就要对园林植物讲究配置手法，各种园林设施必须美观舒适，整体上讲究空间协调，既追求良好的整体景观效果，又讲究空间合理分隔，还要将层次组织得错落有序，这就要求采用特殊的艺术处理，所有这些要求都体现在园林工程的艺术性之中。缺乏艺术性的园林工程产品，不能成为合格的产品。

园林工程是一门技术性很强的综合性工程，它涉及土建施工技术、园路铺装技术、苗木种植技术、假山叠造技术以及装饰装修、油漆彩绘等诸多技术。

3. 广泛性与综合性

园林工程的规模日趋大型化，要求各工种协同作业。加之新技术、新材料、新工艺的广泛应用，对施工管理提出了更高的要求。园林工程是综合性强、内容广泛、涉及部门较多的建设工程，大的复杂的综合性园林工程项目涉及地貌的融合、地形的处理、建筑、水景的设置、给水排水、园路假山工程、园林植物栽种、艺术小品点缀、环境保护等诸多方面的内容；施工中又因不同的工序需要将工作面不断转移，导致劳动资源也跟着转移，这种复杂的施工环节需要有全盘观念、有条不紊；园林景观的多样性导致施工材料也多种多样，例如园路工程中可采取不同的面层材料，形成不同的路面变化；园林工程施工多为露天作业，经常受到自然条件如刮风冷冻、下雨、干旱等）的影响，而树木花卉栽植、草坪铺种等又是季节性很强的施工项目，应合理安排，否则成活率就会降低，而产品的艺术性又受多方面因素的影响，必须仔细考虑。要协调解决好诸如此类错综复杂的众多问题，就需要对整个工程进行全面的组织管理，这就要求组织者必须具有广泛的多学科知识与先进技术。

4. 安全性

园林工程中的设施多为人们直接利用，现代园林场所又多是人们活动密集的地段、地点，这就要求园林设施应具备足够的安全性。例如建筑物、驳岸、园桥、假山、石洞、索道等工程，必须严把质量关，保证结构合理、坚固耐用。同时，在绿化施工中也存在安全问题，例如大树移植应注意地上电线、挖掘沟坑应注意地下电缆。这些都表明园林工程施工不仅要注意施工安全，还要确保工程产品的安全耐用。

"安全第一，景观第二"是园林创作的基本原则。这是由于园林作品是给人观赏体验的，是与人直接接触的，如果工程中某些施工要素存在安全隐患，其后果不堪设想。在提倡"以人为本"的今天，重视园林工程的安全性是园林从业人员必备的素质。因此，作为程项目，要把安全要求贯彻于整个项目施工之中，对于园林景观建设中的景石假山、水景驳岸、供电防火、设备安装、大树移植、建筑结构、索道滑道等均须倍加注意。

5. 后续性与体验性

园林工程中的后续性主要表现在两个方面：一是园林工程各施工要素有着极强的工序性，例如园路工程、栽植工程、塑山工程。工序间要求有很好的衔接关系，应做好前道工序的检查验收工作，以便于后续作业的进行；二是园林作品不是一朝一夕就可以完全体现景观设计最终理念的，必须经过较长时间才能展示其设计效果，因此项目施工结束并不能说明作品已经完成

提出园林工程的体验性特点是时代的要求，是欣赏主体——人对美感的心理要求，是现代园林工程以人为本最直接的体现。人的体验是一种特有的心理活动，实质上是将人融于园林作品之中，通过自身的体验得到全面的心理感受。园林工程正是给人们提供了这种体验心理美感的场所，这种审美追求对园林工作者提出了很高的要求，即要求组成园林的

各个要素都要尽可能做到完美无缺。

三、园林建设工程分类

园林建设工程按造园的要素及工程属性，可将其分为园林工程和园林建筑工程两大部分，而各部分又可分为若干项工程，园林工程可分为土方工程（地形塑造）、园林给排水工程、水景工程、园路铺地工程、假山工程、绿化种植工程、园林供电照明工程，园林建筑工程可分为地基与基础工程、主体结构（墙柱）工程、给排水及电气工程、地面与楼面工程、屋面（顶）工程、装饰工程。

随着社会的进步，科学技术的发展，园林建设工程的内容也在不断地更新与创新，特别是自20世纪70年代末80年代初我国改革开放以来，一些先进国家的工程技术新材料、高新技术的引进，使我国传统的古典园林工程的技法得以发扬、充实，并被注入了新的活力。

第二节　园林工程的主要内容

一、土方工程

土方工程主要依据竖向设计进行十方工程量计算及土方施工、塑造、整理园林建设场地。

土方量计算一般根据附有原地形等高线的设计地形来进行，但通过计算，有时反过来又可以修订设计图中的不足，使图纸更完善。土方量的计算在规划阶段无须过分精确，故只需估算，而在作施工图时，则土方工程量就需要较为精确地计算。土方量的计算方法有：

（1）用求体积的公式进行土方估算。

（2）断面法。断面法是以一组等距（或不等距）的相互平行的截面将拟计算的地块地形单体（如山、溪涧、池、岛等）和土方工程（如堤、沟渠、路堑、路槽等）分截成"段"，分别计算这些"段"的体积，再将各段体积累加以求得该计算对象的总土方量

（3）方格网法。方格网法是把平整场地的设计工作与土方量计算工作结合在一起进行的。方格网法的具体工作程序为：在附有等高线的施工现场地形图上作方格网控制施工场地，依据设计意图，如地面形状、坡向、坡度值等，确定各角点的设计标高、施工标高划分填挖方区，计算土方量，绘制出土方调配图及场地设计等高线图。

土方施工按挖、运、填、压等施工组织设计安排来进行，以达到建设场地的要求而结束。

二、园林给排水工程

主要是园林给水工程、园林排水工程。

园林给排水与污水处理工程是园林工程中的重要组成部分之一，必须满足人们对水量、水质和水压的要求。水在使用过程中会受到污染，而完善的给排水工程及污水处理工程对园林建设及环境保护具有十分重要的作用。

1. 园林给水

给水分为生活用水、养护用水、造景用水及消防用水。给水的水源一是地表水源，主要是江、河湖、水库等，这类水源的水量充沛，是风景园林中的主要水源。二是地下水源，如泉水、承压水等。选择给水水源时，首先应满足水质良好、水量充沛、便于防护的要求。最理想的是在风景区附近直接从就近的城市给水管网系统接入，如附近无给水管网则优先选用地下水，其次才考虑使用河湖、水库的水。

给水系统一般由取水构筑物、泵站净水构筑物、输水管道、水塔及高位水池等组成。

给水管网的水力计算包括用水量的计算，一般以用水定额为依据，它是给水管网水力计算的主要依据之一。给水系统的水力计算就是确定管径和计算水头损失，从而确定给水系统所需的水压。

给水设备的选用包括对室内外设备和给水管径的选用等。

2. 园林排水

（1）排水系统的组成

①污水排水系统

由室内卫生设备和污水管道系统、室外污水管道系统污水泵站及压力管道、污水处理与利用构筑物排入水体的出水口等组成。

②雨水排水系统

由景区雨水管渠系统、出水口、雨水口等组成。

（2）排水系统的形式

污、雨水管道在平面上可布置成树枝状，并顺地面坡度和道路由高处向低处排放，应尽量利用自然地面或明沟排水，以减少投资。常用的形式有：

①利用地形排水

通过竖向设计将谷、狗、沟、地坡、小道顺其自然适当加以组织划分排水区域，就近排入水体或附近的雨水干管，可节省投资。利用地形排水、地表种植草皮，最小坡度为5‰。

②明沟排水

主要指明沟，也可在一些地段视需要砌砖、石、混凝土明沟，其坡度不小于4‰。

③管道排水

将管道埋于地下，有一定的坡度，通过排水构筑物等排出。

在我国，园林绿地的排水，主要以采取地表及明沟排水为宜，局部地段也可采用暗管排水以作为辅助手段。采用明沟排水应因地制宜，可结合当地地形因势利导。

为使雨水在地表形成的径流能及时迅速疏导和排除，但又不能造成流速过大的冲蚀地表土以至于导致水土流失，因而在进行竖向规划设计时应结合理水综合考虑地形设计。

3. 园林污水的处理

园林中的污水主要是生活污水，因其含有大量的有机质及细菌等，有一定的危害。污水处理的基本方法有：物理法、生物法、化学法等。这些污水处理方法常需要组合应用。沉淀处理为一级处理，生物处理为二级处理，在生物处理的基础上，为提高出水水质再进行化学处理称为三级处理。日前国内各风景区及风景城市，一般污水通过一、二级处理后基本上能达到国家规定的污水排放标准。三级处理则用于排放标准要求特别高（如作为景区水源一部分时）的水体或污水量不大时，才考虑使用。

三、园林水景工程

古今中外，凡造景，无不牵涉及水体，水是环境艺术空间创作的一个主要因素，可借以构成各种格局的园林景观，艺术地再现自然。水有四种基本表现形式：一曰流水，其有急缓、深浅之分；二为落水，水由高处下落则有线落、布落、挂落、条落等，可潺潺细流、悠悠而落，抑或奔腾磅礴，气势恢宏；三是静水，平和宁静，清澈见底；四则为压力水，喷、涌、溢泉、间歇水等表现一种动态美。用水造景，动静相补，声色相衬，虚实相映，层次丰富，得水以后，古树、亭榭、山石形影相依，会产生一种特殊的魅力。水池、溪涧、河湖、瀑布、喷泉等水体往往又给人以静中有动、寂中有声、以少胜多、发人联想的强感染力。

水景工程是城市园林与水景相关的工程总称。它主要包括城市水系规划、水池、驳岸与护坡、小型水闸、人工泉和相应的园林建筑、园林小品及与之相配套的植物配置等几部分。

1. 城市水体规划

城市水系规划的主要任务是为保护、开发、利用城市水系，调节和治理洪水于淤积泥沙开辟人工河湖、兴城市水利而防治水患，把城市水体组成完整的水系。城市水体具有排洪蓄水、组织航运以便进行水上交通和游览、调节城市的气候等功能。河湖在城市水系中有着重要地位，承担排洪、蓄水、交通运输、调节湿度、观光游览等任务。河湖近期与远期规划水位，包括最高水位、常水位和最低水位，是确定园林水体驳岸类型、岸顶高程和湖底高程的依据。水工构筑物的位置、规格与要求应在水系规划中体现出来。园林水景工程除了满足这些要求外，应尽可能做到水工的园林化，使水工构筑物与园林景观相协调，以化解水工与水景的矛盾。

2. 水池工程

水池在城市园林中可以改善小气候条件，又可美化市容，起到重点装饰的作用。水池的形态种类很多，其深浅和池壁、池底的材料也各不相同。规则的方整之池，可显气氛肃穆庄重；而自由布局、复合参差跌落之池，可使空间活泼、富有变化。池底的嵌画、隐雕、水下彩灯等，使水景在工程的配合下，无论在白天或夜晚都能得到各种变幻无穷的奇妙景观。水池设计包括平面设计、立面设计、剖面设计及管线设计。平面设计主要是显示其平面位置及尺度，标注出池底、池壁顶进水口溢水口和泄水口种植池的高程和所取剖面的位置；水池的立面设计应反映主要朝向各立面的高度变化和立面景观；剖面应有足够的代表性，要反映出从地基到壁顶各层材料厚度；水池的管线布置要根据具体情况确定，一般要考虑进水、溢水及泄水等管线。

水池材料多有混凝土水池砖水池、柔性结构水池。材料不同、形状不同、要求不同，设计与施工也有所不同。园林中，水池可用砖（石）砌筑，具有结构简单，节省模板与钢材，施工方便，造价低廉等优点。近年来，随着新型建筑材料的出现，水池结构出现了柔性结构，以柔克刚，另辟蹊径。目前在工程实践中常用的有：混凝土水池、砖水池。玻璃布沥青蓆水池、再生橡胶薄膜水池、油毛毡防水层（二毡三油）水池等各种造景水池如汀步、跳水石、跌水台阶、养鱼池的出现也是人们对水景工程需要多样化的体现，而各种人工喷泉在节日中配以各式多彩的水下灯，变幻奇丽，增添着节日气氛。北京天安门前大型音乐电脑喷泉，无疑是当代高新技术的体现。

3. 驳岸与护坡

园林水体要求有稳定、美观的水岸以维持陆地和水面一定的面积比例，防止陆地被淹或水岸倒塌，或由于冻胀、浮托、风浪淘刷等造成水体塌陷、岸壁崩塌而淤积水中等，破坏了原有的设计意图，因此在水体边缘必须建造驳岸与护坡。园林驳岸按断而形状分为自然式和整形式两类。大型水体或规则水体常采用整形式直驳岸，用砖、混凝土、石料等砌筑成整形岸壁，而小利水体或园林中水位稳定的水体常采用自然式山石驳岸，以做成岩矶、崖、岫等形状。

在进行驳岸设计时，要确定驳岸的平面位置与岸顶高程。城市河流接壤的驳岸按照城市河道系统规定平面位置建造，而园林内部驳岸则根据湖体施工设计确定驳岸位置。平面图上常水位线显示水面位置，岸顶高程应比最高水位高出一段，以保证湖水不致因风浪拍岸而涌入岸边陆地地面，但具体应视实际情况而定。修筑时要求坚固稳定，驳岸多以打桩或柴排沉褥作为加强基础的措施，并常以条石、块石混凝土、混凝土、钢筋混凝土作基础，用浆砌条石或浆砌块石勾缝、砖砌抹防水砂浆、钢筋混凝土以及用堆砌山石作墙体，用条石、山石、混凝土块料以及植被作盖顶。

护坡主要是防止滑坡、减少地面水和风浪的冲刷，以保证岸坡的稳定，常见的护坡方法有：编柳抛石护坡、铺石护坡。

4. 小型水闸

水闸在园林中应用较广泛。水闸是控制水流出入某段水体的水工构筑物，水闸按其使用功能分，一般有进水闸（设于水体入口，起联系上游和控制进水量的作用）、节制闸（设于水体出口，起联系下游和控制出水量的作用）、分水闸（用于控制水体支流出水）。在进行闸址的选定时，应了解水闸设置部位的地形、地质、水文等情况，特别是各种设计参数的情况，以便进行闸址的确定。

水闸结构由下至上可分为地基、闸底、水闸的上层建筑三部分。进行小型水闸结构尺寸的确定时须了解的数据包括：外水位、内湖水位、湖底高程、安全超高、闸门前最远直线距离、土壤种类和工程性质、水闸附近地面高程及流量要求等。

通过设计计算出需求的数据：闸孔宽度、闸顶高程、闸墙高度、闸底板长度及厚度、闸墩尺度、闸门等。

5. 人工泉

人工泉是近年来在国内兴起的园林水景。随着科技的发展，出现了各种诸如喷泉、瀑布、涌泉、溢泉、跌水等，不仅大大丰富了现代园林水景景观，同时也改善了小气候。瀑布、间歇泉、涌泉、跌水等亦是水景工程中再现水的自然形态的景观。它们的关键不在于大小，而在于能真实地再现。对于驳岸、岛屿、矶滩、河湾、池潭、溪涧等理水工程，应运用源流、动静、对比、衬托、声色、光影、藏引等一系列手法，作符合自然水势的重现，以做到"小中见大""以少胜多""旷奥由之"。

喷泉的类型很多，常用的有：

（1）普通装饰性。喷泉常由各种花形图案组成固定的喷水型；

（2）雕塑装饰性。喷泉的喷水水形与雕塑、小品等相结合；

（3）人工水能造景型。如瀑布、水幕等用人工或机械塑造出来的各种大型水柱等；

（4）自控喷泉。利用先进的计算机技术或电子技术将声、光、电等融入喷泉技术中，以造成变幻多彩的水景。如音乐喷泉、电脑控制的涌泉、间歇泉等。

喷水池的尺寸与规模主要取决于规划所赋予它的功能，它与喷水池所在的地理位置的风向、风力、气候湿度等关系极大，它直接影响了水池的面积和形状。喷水池的平面尺寸除应满足喷头、管道、水泵、进水灯泄水口、溢水口、吸水坑等布置要求外，还应防止水在设计风速下，水滴不致被风大量地吹出池外，所以喷水池的平面尺寸一般应比计算要求每边再加大 50 ～ 100cm。

喷水池的深度：应按管道设备的布置要求确定。在设有潜水泵时，应保证吸水口的淹没深度不小于 150cm，在设有水泵吸水口时，应保证吸水喇叭口的淹没深度不小于 50cm。水泵房多采用地下或半地下式，应考虑地面排水，地面应有不小于 5‰ 的坡度，坡向集水坑。水泵房应加强通风，为解决半地下式泵房与周围景观协调的问题，常将泵房设计成景观构筑物，如设计成亭、台、水榭或隐蔽在山崖、瀑布之下等。

喷泉常用的喷头形式有：单射流喷头、喷雾喷头、环形喷头、旋转喷头、扇形喷头、多孔喷头、变形喷头、组合喷头等。在进行喷泉设计时，要进行喷嘴流量、喷泉总流量、总扬程等项设计计算。由于影响喷泉设计的因素较多，故在安装运行时还要进行适当的调整，甚至作局部的修改以臻完善。

喷泉中的水下灯是保证喷泉效果的必要措施，特别是在现代技术发达的今天，光、机、电声的综合应用将会使喷泉技术在园林景观中更具魅力。

四、园路铺装工程

园路铺装工程着重在园路的线形设计、园内的铺装、园路的施工等方面。

1. 园路

园路既是交通线，又是风景线，园之路，犹如脉络，路既是分隔各个景区的景界，又是联系各个景点的"纽带"，具有导游、组织交通、划分空间界面构成园景的作用。园路分主路、次路与小径（自然游览步道）。主园路连接各景区，次园路连接诸景点，小径则通幽。

园路工程设计中，平面线形设计就是具体确定园路在平面上的位置，由劫测资料和园路性质等级要求以及景观需要，定出园路中心位置，确定直线段。园路纵断面线形设计主要是确定路线合适的标高，设计各路段的纵坡及坡长保证视距要求选择竖曲线半径，配置曲线、确定谩计线，计算填挖高度，定桥涵、护岸、挡土墙位置，绘制纵断面设计图等。选用平曲线半径，合理解决曲直线的衔接等，以绘出园路平面设计图。

在风景游览等地的园路，不能仅仅看作是由一处通到另一处的旅行通道，而应当是整个风景景观环境中不可分割的组成部分，所以在考虑园路时，要用地形地貌造景，利用自然植物群落与植被建造生态绿廊。

园路的景观特色还可以利用植物的不同类型品种在外观上的差异和乡土特色，通过不同的组合和外轮廓线特定造型以产生标志感。同时尽可能将园林中的道路布置成"环网式"，以便组织不重复的游览路线和交通导游。各级园路回环萦绕，收放开合，藏露交替，使人渐入佳境。园路路网应有明确的分级，园路的曲折迂回应有构思立意，应做到艺术上的意境性与功能上的目的性有机结合，使游人步移景异。

风景旅游风及园林中的停场应设置在重要景点进出口边缘地带及通向尽端式景点的道路附近，同时也应按不同类型及性质的车辆分别安排场地停车，其交通路线必须明确。在设计时综合考虑场园路面结构、绿化、照明、排水及停车场的性质，配置相应的附属设施路的路面结构从路面的力学性能出发，分为柔性路面、刚性路面及庭园路面。

2. 铺装

园林铺地是我国古典园林技艺之一，而在现时又得以创新与发展。它既有实用要求，又有艺术要求，主要用来引导和用强化的艺术手段组织游人活动，表达不同主题立意和情感，利用组成的界面功能分隔空间、格局和形态，强化视觉效果。

铺地要进行铺地艺术设计包括纹样、图案设计、铺地空间设计结构构造设计铺地材料设计等。常用的铺地材料分为天然材料和人造材料，天然材料有：青（红）岩、石板、卵石、碎石、条（块）石、碎大理石片等。人造材料有：青砖、水磨石、斩假石、本色混凝土、彩色混凝土、沥青混凝土等。如北京天安门广场的步行便道用粉红色花岗岩铺地，不仅满足景观要求，而且有很好的视觉效果。

五、假山工程

包括假山的材料和采运方法置石与假山布置、假山结构设施等。

假山工程是园林建设的专业工程，人们通常所说的"假山工程"实际上包括假山和置石两部分。我国园林中的假山技术是以造景和提供游览为主要目的，同时还兼有一些其他功能。

假山是以土、石等为材料，以自然山水为蓝本并加以艺术提炼与夸张，用人工再造的山水景物。零星山石的点缀称为"置石"，主要表现山石的个体美或局部的组合。

假山的体量大，可观可游，使人们仿佛置于大自然之中，而置石则以观赏为主，体量小而分散。假山和置石首先可作为自然山水园的主景和地形骨架，如南京瞻园、上海豫园、扬州个园、苏州环秀山庄等采用主景突出方式的园林，皆以山为主水为辅，建筑处于次要地位甚至点缀。其次可作为园林划分空间和组织空间的手段，常用于集锦式布局的园林，如圆明园利用土山分隔景区、颐和园以仁寿殿西面土石相间的假山作为划分空间和障景的手段。运用山石小品则可作为点缀园林空间和陪衬建筑植物的手段。假山可平衡土方，叠石可作驳岸、护坡、汀石和花台、室内外自然式的家具或器设，如石凳、石桌、石护栏等。它们将假山的造景功能与实用功能巧妙地结合在一起，成为我国造园技术中的瑰宝。

假山因使用的材料不同，分为土山、石山及土石相间的山。常见的假山材料有：湖石（包括太湖石、房山石、英石等）、黄石、青石、石笋（包括白果笋、乌炭笋、慧剑、钟乳石笋等）以及其他石品（如木化石、松皮石、石珊瑚等）。

1. 置石

置石用的山石材料较少，施工也较简单，置石分为特置、散置和群置。

特置，在江南称为立峰，这是山石的特写处理，常选用单块、体量大、姿态富于变化的山石，也有将好几块山石拼成一个峰的处理方式。散置又称为"散点"，这类置石对石材的要求较"特置"为低，以石之组合衬托环境取胜。常用于园门两侧、廊间、粉墙前、山坡上、桥头、路边等，或点缀建筑，或装点角隅，散点要做出聚散、断续、主次、高低、曲折等变化之分。大散点则被称为"群置"，与"散点"之异在于其所在的空间较大，置石材料的体量也较大，而且置石的堆数也较多。

在土质较好的地基上做"散点"，只需开浅槽夯实素土即可。土质差的则可以砖瓦之类夯实为底。大散点的结构类似于掇山。

山石几案的布置在林间空地或有树荫的地方，以利于游人休息。同时其安排应忌像一般家具的对称布置，除了其实用功能外，更应突出的是它们的造景功能，以它们的质朴、敦实给人们营造回归自然的意境。

2. 掇山

较之于置石要复杂得多，要将其艺术性与科学性、技术性完美地结合在一起。然而，无论是置石还是掇山，都不是一种单纯的工程技术，而是融园林艺术于工程技术之中，掇山必须是"立意在先"，而立意必须学握取势和布局的要领，一是"有真有假，作假成真"，达到"虽由人作宛自天开"的境界，以写实为主，结合写意，山水结合，主次分明。二是因地制宜，景以境出，要结合材料、功能、建筑与植物特征以及结构等方面，做出特色。三是寓意于山，情景交融。四是对比衬托，利用周围景物和假山本身，做出大小、高低、进出、明晦、虚实、曲直、深浅、陡缓等既对立又统一的变化手法。

在假山塑造中，从选石、采石、运石、拼石、置石、掇山等一系列过程中总结出了一整套理论。假山虽有峰、峦、洞、壑等变化，但就山石之间的结合可以归结成山体的十种基本接体形式：安、连、接、斗、挎、拼、悬、剑、卡、垂，还有挑、撑等接体方式，这些都是在长期的实践中，从自然山景中归纳出来的。施工时应力求自然，切忌做作。在掇山时还要采取一些平稳、填隙、铁活加固、胶结和勾缝等技术措施。这些都是我造园技术的宝贵财富，应予高度重视，使其发扬光大。

3. 塑山

在传统灰塑山和假山的基础上，运用现代材料如环氧树脂、短纤维树脂混凝土、水泥及灰浆等，创造了塑山工艺。塑山可省采石、运石之工程，造型不受石材限制，且有工期短、见效快的优点。但它的使用期短是其最大的缺陷。

塑山的工艺过程如下：

（1）设置基架

可根据石形和其他条件分别采用砖基架、钢筋混凝土基架或钢基架。坐落在地面的塑山要有相应的地基基础处理。坐落在室内屋顶平台的塑山，则必须根据楼板的构造和荷载条件作结构设计，包括地梁和钢架、柱和支撑设计。基架将所需塑造的山形概略为内接的几何形体的桁架，若采用钢材作基架的话，应遍涂防锈漆两遍作为防护处理。

（2）铺设钢丝网

一般形体较大的塑都必须在基架上敷设钢丝网，钢丝网要选易于挂灰、泥的材料。若为钢基架则还宜先作分块钢架附在形体简单的基架上，变几何体形为凹凸起伏的自然外形，在其上再挂钢丝网，并根据设计要求用木槌成型。

（3）抹灰成型

先初抹一遍底灰，再精抹一二遍细灰，塑出石脉和皱纹。可在灰浆中加入短纤维以增强表面的抗拉力量，减少裂缝。

（4）装饰

根据设计对石色的要求，刷涂和喷涂非水溶性颜色，令其达到设计效果为止。由于新材料新工艺不断推出，第三四步往往合并处理。如将颜料混合于灰浆中，直接抹上加工成型。也有在工场现做出一块块石料，运到施工现场缚挂或焊挂在基础上，当整体成型达到要求后，对接缝及石脉纹理做进一步加工处理，即可成山。

六、绿化种植工程

包括乔灌木种植工程、大树移植、草坪工程等。

在城市环境中，栽植规划是否能成功，在很大程度上取决于当地的小气候、壤、排水、光照、灌溉等生态因子。

在进行栽植工程施工前施工人员必须通过设计人员的设计交底，以充分了解设计意图，理解设计要求熟悉设计图纸；故应向设计单位和工程甲方了解有关材料，如：工程的项目内容及任务量、工程期限、工程投资及设计概（预）算、设计意图，了解施工地段的状况、定点放线的依据、工程材料来源及运输情况，必要时应作现场调研。

在完成施工前的准备工作后，应编制施工计划，制定出在规定的工期内费用最低的安全施工的条件和方法，优质、高效、低成本、安全地完成其施工任务。作为绿化工程，其施工的主要内容为：

1. 树木的栽植

首先是确定合理的种植时间。在寒冷地区以春季栽植为宜。北京地区春季植树在 3 月中旬到 4 月下旬，雨季植树则在 7 月中旬左右。在气候比较温暖的地区，以秋季、初冬栽植比较相宜，以使树木更好地生长。在华东地区，大部分落叶树都可以在冬季 11 月上旬树木落叶后至 12 月中、下旬及 2 月中旬至 3 月下旬树木发芽前栽植，常绿阔叶树则在秋季、初冬、春季、梅雨季节均可栽种。

至于栽植方法，种类很多，在城市中常用人行道栽植穴、树坛、植物容器、阳台、庭园栽植、屋顶花园等。

在进行树木的栽植前还要作施工现场的准备，即施工现场场地拆迁对施工现场平整土地以及定点放线，这些都应在有关技术人员的指导下按技术规范进行相关操作。挖苗是种树的第一步，挖苗时应尽可能挖得深一些，注意保护根系少受损伤。一般常绿树挖苗时要带好土球，以防泥上松散。落叶树挖苗时可裸根，过长和折断的根应适当修去一部分。树苗挖好后，要遵循"随挖、随运、随种"的原则，及时运去种好。在运苗之前，为避免树苗枯干等，应进行包装。树苗运到栽植地点后，如不能及时栽植，就必须进行假植。假植的地点应选择靠近栽植地点、排水良好、湿度适宜、无强风、无霜冻避风之地。另外根据栽植的位置，刨栽植坑，坑穴的大小应根据树苗的大小和土壤土质的不同来决定，施工现场如土质不好，应换入无杂质的砂质壤土，以利于根系的生长。挖完坑后，每坑可施底肥，然后再覆素土不使树根直接与肥料接触，以免烧伤树根。

栽植前要进行修剪。苗木的修剪可以减少水分的散发，保持树势平衡，保证树木的成活，同时也要对根系进行适当的修剪，主要将断根、劈裂根、病虫根和过长的根剪去，剪口也要平滑。栽植较大规格的高大乔木，在栽植后应设支柱支撑，以防浇水后大风吹倒苗木。

2. 大树移植

大树是指胸径达 15 ~ 20cm，甚至 30cm，处于生长发育旺盛期的乔和灌木，要带球根移植，球根具有定的规格和重量，常需要专门的机具进行操作。

大树移植能在最短的时间内创造出理想的景观。在选择树木的规格及树体大小时，应与建筑物的体量或所留有空间的大小相协调。

通常最合适大树移植的时间是春季、雨季和秋季。在炎热的夏季，不宜大规模地进行大树移植。若由于特殊工程需要少量移植大树时，要对树木采取适当疏枝和搭盖荫棚等办法以利于大树成活。大树移植前，应先挖树穴，树穴要排水良好，对于贵重的树木或缺乏须根树木的移植准备作，可采用围根法，即于移植前 2 ~ 3 年开始，预先在准备移植的树木四周挖一沟，以刺激其长出密集的须根，创造移植条件。

大树土球的包装及移植方法常用软材包装移植、木箱包装移植、冻土移植以及移植机移植等。移植机是近年来引进和发展的新型机械，可以事先在栽植地点刨好植树坑，然后将坑土带到起树地点，以便起树后填空坑。大树起出后，又可用移植机将大树运到栽植地点进行栽植。这样做节省劳力，大大提高了工作效率。大树起出后，运输最好在傍晚，在移植大树时要事先准备好回填土。栽植时，要特别注意位置准确，标高合适。

3. 草坪栽植工程

草坪是指由人工养护管理，起绿化、美化作用的草地。就其组成而言，草坪是草坪植被的简称，是环境绿化种植的重要组成部分，主要用于美化环境，净化空气，保持水土，提供户外活动和体育活动场所。

（1）草坪类型

①单一草坪

一般是指由某一草坪草品种构成，它有高度的一致性和均匀性，可用来建立高级草坪和特种草坪，如高尔夫球场的发球台和球盘等。在我国北方常用野牛草、瓦巴斯、匍匐翦股颖来建坪，南方则多用天鹅绒、天堂草、假俭草来建坪。

②缀花草坪

通常以草坪为背景，间以多年生、观花地被植物。在草坪上可自然点缀栽植水仙、鸢尾、石蒜、紫花地丁等。

③游憩草坪

这类草坪无固定形状，一般管理粗放，人可在草坪内滞留活动，可以在草坪内配植孤立树、点缀石景、栽植树群和设施，周围边缘配以半灌木花带、灌木丛，中间留有大的空间空地，可容纳较大的人流。多设于医院、疗养地、学校、住宅区等处。

④疏林草坪

是指大面积自然式草坪，多由天然林草地改造而成，少量散生部分林木，其多利用地形排水，管理粗放。通常见于城市近郊旅游休假地、疗养区、风景区、森林公园或与防护林带相结合，其特点是林夏季可庇荫，冬天有充足的阳光，是人们户外活动的良好场所。

（2）草坪的兴建

草坪兴建一般分两步进行在选定草种后，首先是准备场地（坪床）、除杂、平整、翻耕、配土、施肥、灌水后再整平。在此前应将坪床的喷灌及排水系统埋设完毕，下一步则可采用直接播种草籽或分株栽植或铺草皮砖、草皮卷、草坪植生带等法。近年来还有采用吹附法建草坪，即将草籽加泥炭或纸浆、肥料、高分子化合物料和水混合成浆，储在容器中，借助机械加压，喷到坪床上，经喷水养护，无须多少时日即可成草坪。此法机械化程度高，建成的草坪质量好，见效快，越来越受到人们的关注和喜爱。

（3）草坪的养护

不同地区在不同的季节有不同的草坪养护管理措施、管理方法。常见的管理措施有修剪、灌溉、病虫害防治、除杂草、施肥等，不同的季节，重点不同。

七、园林供电照明工程

随着社会经济的发展，人们对生活质量的要求越来越高，园林中电的用途不再仅仅是提供晚间道路照明，各种新型的水景、游乐设施、新型照明光源的出现等等，无不需要电力的支持。

在进行园林有关规划、设计时，首先要了解当地的电力情况：电力的来源、电压的等级、电力设备的装备情况（如变压器的容量、电力输送等），这样才能做到合理用电。

园林照明是室外照明的一种形式，在设置时应注意与园林景观相结合，以最能突出园林景观特色为原则。光源的选择上，要注意利用各类光源显色性的特点，突出要表现的色彩。在园林中常用的照明电光源除了白炽灯、荧光灯以外，一些新型的光源如汞灯（是目前园林中使用较多的光源之一，能使草坪、树木的绿色格外鲜艳夺目，使用寿命长，易维护）、金属卤化物灯（发光效率高，显色性好，但没有低瓦数的灯，使用受到一定限制）、高压钠灯（效率高，多用于节能、照度高的场合，如道路、广场等，但显色性较差）亦在被应用之列。但使用气体等放电时应注意防止频闪效应。园林建筑的立面可用彩灯、霓虹灯、各式投光灯进行装饰。在灯具的选择上，其外观应与周围环境相配合，艺术性要强，有助于丰富空间层次，保证安全园林供电与园林规划设计灯具有着密切的联系，园林供电设计的内容应包括：确定各种园林设施的用电量；选择变电所的位置、变压器容量；确定其低压供电方式；导线截面选择；绘制照明布置平面图、供电系统图。

第三节　园林的建筑工程

园林建筑是指在园林中有造景作用，同时供人游览、观赏、休息的建筑物。园林建筑是一门内容广泛的综合性学科，要求最大限度地利用周围环境，在位置的选择上要因地制宜，取得最好的透视线与观景点，并以得景为主。

一、园林建筑的类型

园林建筑按其用途可分为：

（1）游憩建筑。有亭、廊、水榭等。

（2）服务建筑。有大门、茶室、餐馆、小卖部等。

（3）水体建筑。包括码头、桥、喷泉、水池等。

（4）文教建筑。有各式展览、阅览室、露天演出场地游艺场等。

（5）动、植物园建筑。有各式动物馆舍、盆景园、水景园、温室、观光温室以及各类园林小品，如院墙、影壁、园灯、园椅、花架、露窗等。

二、园林建筑的特点

园林建筑是中国园林中的一个重要因素。在长期实践中，无论在单体群体、总体布局以及建筑类型上，都紧密地与周围环境结合。追崇自然，与自然环境相协调是中国园林建筑的一个准则。园林建筑的主要特色在于"巧"（灵活）、"宜"（适用）、"精"（精美）、"雅"（指建筑的格调要幽雅）。这四个字实质上代表了园林建筑从设计到施工要遵循的原则和指导思想。

古代建筑常使用在视觉中心两侧具有相同分量的构图，称为均衡构图。均衡构图分为对称均衡构图及不对称均衡构图。均衡构图给人一种稳定、安全、舒适的感受，是建筑构图中最重要的法则，而在生物界，不论是动物还是植物，在个体构造上都是对称的。但人类赖以生存的自然山川、河流以及植被群落等生存环境却都是不对称的，园林建筑是从属于自然风景，则以不对称构图为主，以更好地与大自然协调。在园林中，突出的应是山水景观，而建筑只是配角，起到个陪衬和渲染的作用，尺度不宜过大，否则会适得其反，喧宾夺主，破坏了景观。

园林建筑就其所用的承重构件和结构形式来分，主要有：砖木结构、混合结构、钢筋混凝土框架结构，轻钢结构及中国古建筑物的木结构。砖木结构多见于古代园林中的楼、台、亭、图等。而混合结构是指建筑物的墙柱用砖砌，楼板、楼梯用钢筋混凝土结构，屋顶为木结构或钢筋混凝土结构，这种形式目前在园林建筑中使用较为广泛。我国的古建筑已有几千年的历史，是我国文明史的瑰宝。古代木建筑物的木梁、椽、檩为承重构件是采用独特的技法结构而成的，目前在一些古建筑的修复、仿古建筑的建造中应用较多。

第四节　园林工程施工程序

一、园林建设程序

建设程序是指建设项目从设想、选择、评估决策设计施工到竣工验收投入使用，发挥社会效益、经济效益的整个建设过程中，各项作的先后次序。

园林建设工程作为建设项目中的一个类别，它必须要遵循建设程序。

根据目前我国基本建设的程序，园林建设程序主要分七个阶段：

1. 项目建议书阶段

园林建设项目建议书是根据当地的国民经济发展和社会发展的总体规划或行业规划等多方面要求，经过调查、预测分析后所提出的；它是投资建设决策前，对拟建设项目的轮廓设想，主要是说明该项目立项的必要性、条件的可行性、获取效益的可靠性，以供上一级机构进行决策之用。

园林建设项目建议书的内容一般应包含以下几方面：

（1）建设项目的必要性和依据；

（2）建设项目的规模、地点以及自然资源、人文资源情况及社会地域经济条件；

（3）建设项目的投资估算以及资金筹措来源；

（4）建设项目建成后的社会、经济、生态效益估算。

园林建设项目建议书的审批程序是：

按现行规定，凡属大中型的园林建设项目，在上报项目建议书时必须附上初步可行性研究报告；项目建议书首先要报送行业归口主管部门，同时抄送国家发改委（原国家计委）；行业归口主管部门初审后再由国家发改委（原国家计委）审批。小型的园林建设项目的项目建议书应按项目隶属关系由部门或地方发改委（原计委）审批。

项目建议书获得批准后即可立项。

2. 项目可行性研究阶段

园林建设项目立项后，根据批准的项目建议书，即可着手进行可行性研究，在详细进行可行性研究的基础上，编制可行性研究报告，为项目投资决策提供科学依据。根据国家发改委发布的计投资〔1991〕1969号文件，"从本文下发之日起，将现行国内投资项目的设计任务书和利用外资项目的可行性研究报告统称为可行性研究报告，取消设计任务书的名称""所有国内投资项目和利用外资的建设项目，在批准项目建议书以后，并进行可行性研究的基础上，一律编报可行性研究报告，可行性研究报告的编报程序、要求和审批权限与以前的设计任务书（可行性研究报告）一致。"

园林建设项目可行性研究报告的内容主要包含以下几方面：

（1）园林建设项目建设的目的、性质、提出的背景和依据；

（2）园林建设项目的规模、市场预测的依据等；

（3）园林建设项目的现状分析，即项目建设的地点、位置、当地的自然资源与人文资源的状况等；

（4）园林建设项目的内容，包括面积、总投资、工程质量标准、单项造价等；

（5）园林建设项目建设的进度和工期估算；

（6）园林建设项目的投资估算和资金筹措方式，如国家投资、外资合营、自筹资金等；

（7）园林建设项目的经济、社会、生态效益分析。

3. 项目设计阶段

设计是对拟建工程项目在技术上、经济上所进行的全面而详尽的安排，是园林建设工程的具体化。

根据批准的可行性研究报告，进行设计文件的编制。对于大型、复杂、有特定要求的园林建设项目的设计过程，一般分为三个阶段：初步设计、技术设计和施工图设计；一般的园林建设项目的设计过程仅需要初步设计（有时又称为扩大初步设计）、施工图设计两个阶段即可。初步设计文件要满足施工图设计、施工准备、土地征用、项目材料等的要求；施工图设计应使建设材料、构配件及设备的购置等能满足施工的要求。

4. 项目建设准备阶段

设计文件经上级相关部门批准后，就要切实做好园林建设项目开工建设前的各项准备工作，主要包含以下几方面内容：

（1）组建筹建机构，征地、拆迁和场地平整，其中拆迁是一项政策性很强的工作，应在当地政府及有关部门的协助下，共同完成此项工作；

（2）落实和完成施工所用水、电、道路等设施工程及外部协调条件；

（3）组织设备和材料的订货、落实材料供应，准备施工图纸等；

（4）组织施工招标投标工作，择优选定施工单位、签订承包合同，确定合同价；

（5）报批项目施工的开工报告等

5. 项目建设实施阶段

（1）园林建设项目建设实施阶段的工作内容

项目施工的开工报告获得批准后，建设项目方能开工建设。项目建设实施阶段的工作内容包括组织项目施工和生产准备。

（2）园林建设项目的工程施工方式

园林工程施方式有两种：一种是由实施单位自行施工；另一种是委托承包单位负责完

成。承包单位的确定，目前常用的是通过公开招标的方法来决定；其中最主要的是订立承包合同（在特殊的情况下，可采取订立意向合同等方式）。

园林工程施工承包合同的主要内容为：

①所承担的施工任务的内容及工程完成的时间；

②双方在保证完成任务前提下所承担的义务和享有的权利；

③甲方（项目建设方）支付工程款项的数量、方式以及期限等；

④双方未尽事宜应本着友好协商的原则处理，力求完成相关工程项目的协议内容。

（3）园林建设项目的工程施工管理

园林建设项目工程开工之后，工程管理人员应与技术人员密切合作，共同搞好施工中的管理工作。

园林工程施工管理一般包括：工程管理、质量管理、安全管理、成本管理、劳务管理和文明施工管理等 6 个方面的内容。

①工程管理

开工后，工程现场组织行使自主的施工管理。对甲方而言，是如何在确保工程质量的前提下，保证工程的顺利进行，在规定的工期内完成建设项目。对乙方来说，则是以最少的人力、物力投入而获得符合要求的高质量园林产品并取得最好的经济效益。工程管理的重要指标是工程速度，因而应在满足经济施工和质量要求的前提下，求得切实可行的最佳工期，这是获得较好经济效益的关键。

为保证如期完成工程项目，应编制出符合上述要求的施工计划，包括合理的施工顺序、作业时间和作业均衡、成本合理等。在制定施工计划过程中，将上述有关数据图表化，以编制出工程表。工程上也会出现预料不到的情况，因而在整个施工过程中可补充或修正编制的工程表，灵活运用，使其更符合客观实际。

②质量管理

质量管理是施工管理的核心，是获得高质量产品和获得较高社会效益的基础。其目的是为了有效地建造出符合甲方要求的高质量的项目产品，因而需要确定施工现场作业标准量，并测定和分析这些数据把相应的数据填入图表中并加以研究运用，进行质量管理。有关管理人员及技术人员正确掌握质量标准，根据质量管理图进行质量检查及生产管理，是确保质量优质稳定的关键

③安全管理

安全管理是一切工程管理的重要内容。这是杜绝劳动伤害、创造秩序井然的施工环境的重要管理业务，也是保证安全生产、实现经济效益的主要措施之一。应在施工现场成立相关的安全管理组织，制订安全管理计划以便有效地实施安全管理，严格按照各工种的操作规范进行操作，并应经常对技术人员和工人包括临时工进行安全教育。

④成本管理

园林建设工程是公共事业，甲乙双方的目标应是一致的，就是以最小的投入，将高质

量的园林作品交付给社会，以获得最佳的社会、经济和生态效益。因而必须提高成本意识，实行成本管理。成本管理不是追逐利润的手段，利润应是成本管理的结果。

⑤劳务管理

劳务管理是指施工过程中对参与工程的各类劳务人员的组织与管理，是施工管理的主要内容之一。应包括招聘合同手续、劳动伤害保险、支付工资能力、劳务人员的生活管理等，它不仅是为了保证工程劳务人员的有关权益，同时也是项目顺利完成的必要保障。

⑥文明施工管理

现代施工要求做到文明施工，就是通过科学合理的组织设计，协调好各方面的关系，统筹安排各个施工环节，保证设备材料进场有厅，堆放整齐，尽量减少夜间施对外部环境的影响，做到现场施工协调、有序、均衡、文明。

6. 项目竣工验收阶段

竣工验收是园林建设工程形成园林工程产品的最后一个环节，是全面考核园林建设成果、检验设计和工程质量的重要步骤，也是园林建设转入对外开放及使用的标志。项目施工完成，就应组织竣工验收。

园林建设项目竣工验收阶段的主要内容为：①竣工验收的范围；②竣工验收准备工作；③组织项目验收；④确定项目对外开放日期。

7. 项目后评价阶段

园林建设项目的后评价是工程项目竣工并使用一段时间后（一般是 1 ~ 2 年），再对立项决策、设计施工、竣工使用等全过程进行系统评价的种技术经济活动，是固定资产投资管理的一项重要内容，也是固定资产管理的最后一个环节；通过建设项目的后评价可以达到肯定成绩、总结经验、研究问题、吸取教训、提出建议、改进工作，不断提高项目决策水平的目的。

目前我国开展建设项目的后评价一般按一个层次组织实施，即项目单位的自我评价、行业评价、主要投资方或各级计划部门的评价。

二、园林工程施工程序

园林工程施工程序是指进入园林工程建设实施阶段后，在施工过程中应遵循的先后顺序。它是施工管理的重要依据。在园林工程建设施工过程中，能做到按施工程序进行施工，对提高施工速度，保证施工质量安全，降低施工成本都具有重要作用。

园林工程施工程序一般分为施工前的准备阶段、现场施工阶段两部分。

1. 施工前准备阶段

园林工程建设各工序、各种在施工过程中首先要有一个准备期。在施工准备期内，施工人员的主要任务是：领会图纸设计的意图、掌握工程特点、了解工程质量要求、熟悉施工现场、合理安排施工力量，为顺利完成现场各项施工任务做好各项准备工作。其内容一般可分为技术准备、生产准备、施工现场准备、后勤保障准备和文明施工准备五个方面。

（1）技术准备

①施工人员要认真读懂施工图体会设计意图，并要求工人都能基本了解；

②对施工现场状况进行查看，结合施工现场平面图对施工工地的现状了如指掌；

③学习掌握施工组织设计内容，了解技术交底和预算会审的核心内容，领会工地的施工规范、安全措施、岗位职责、管理条例等；

④熟悉掌握各工种施工中的技术要点和技术改进方向。

（2）生产准备

①施工中所需的各种材料、构配件、施工机具等要按计划组织到位，并要做好验收、入库登记等工作；

②组织施工机械进场，并进行安装调试工作，制定各类工程建设过程中所需的各类物资供应计划，例如山石材料的选定和供应计划、苗木供应计划等；

③根据工程规模、技术要求及施工期限等，合理组织施工队伍、选定劳动定额、落实岗位责任、建立劳动组织；

④做好劳动力调配计划安排工作，特别是在采用平行施工、交叉施工或季节性较强的集中性施工期间更应重视劳务的配备计划，避免窝工浪费和因缺少必要的工人而耽误工期的现象发生。

（3）施工现场准备

施工现场是施工的集中空间。合理、科学布置有序的施工现场是保证施顺利进行的重要条件，应给以足够的重视，其基本工作一般包括以下内容：

①界定施工范围，进行必要的管线改道，保护名木古树等。

②进行施工现场工程测量，设置工程的平面控制点和高程控制点。

③做好施工现场的"四通一平"（水通、路通、电通、信息通和场地平整）。施工用临时道路选线应以不妨碍工程施工为标准，结合设计园路、地质状况及运输荷载等因素综合确定；施工现场的给水排水、电力等应能满足工程施工的需要；做好季节性施工的准备；平整场地时要与原设计图的土方平衡相结合，以减少工程浪费；并要做好拆除清理地上、地下障碍物和建设用材料堆放点的设置安排等工作。

④搭设临时设施。主要包括工程施工用的仓库、办公室、宿舍、食堂及必要的附属设施。例如，临时抽水泵站，混凝土搅拌站，特殊材料堆放地等。工程临时用地的管线要铺设好。在修建临时设施时应遵循节约够用、方便施工的原则。

（4）后勤保障准备

后勤工作是保证一线施工顺利进行的重要环节，也是施工前准备工作的重要内容之一。施工现场应配套简易、必要的后勤设施，例如医疗点、安全值班室、文化娱乐室等。

（5）文明设施准备

做好劳动保护工作，强化安全意识，搞好现场防火工作等。

2. 现场施工阶段

各项准备工作就绪后就可按计划正式开展施工，进入现场施阶段。由于园林工程建设的类型繁多，涉及的工程种类多且要求高，对现场各工种、各工序施工提出了各自不同的要求，在现场施工中应注意以下几点：

（1）严格按照施工组织设计和施工图进行施工安排，若有变化，需经计划、设计及有关部门共同研究讨论并以正式的施工文件形式决定后，方可实施变更。

（2）严格执行各有关工种的施工规程，确保各种技术措施的落实。不得随意改变工种施工，更不能混淆工种施工。

（3）严格执行各工序间施工中的检查、验收、交接手续的签字盖章要求，并将其作为现场施工的原始资料妥善保管，以明确责任。

（4）严格执行现场施工中的各类变更（工序变更、规格变更、材料变更等）的请示、批准、验收、签字的规定，不得私自变更和未经甲方检查、验收、签字而进入下一工序，并将有关文字材料妥善保管，作为竣工结算、决算的原始依据

（5）严格执行施工的阶段性检查、验收规定，尽早发现施工中的问题，及时纠正，以免造成更大的损失。

（6）严格执行施工管理人员对质量、进度、安全的要求，确保各项措施在施工过程中得以贯彻落实，以预防各类事故的发生。

（7）严格服从工程项目部的统一指挥、调配，确保工程计划的全面完成。

参考文献

[1] 佘远国. 园林植物栽培与养护管理 [M]. 北京：机械工业出版社，2007.

[2] 李承水. 园林树木栽培与养护 [M]. 北京：中国农业出版社，2007.

[3] 祝遵凌，王瑞辉. 园林植物栽培养护 [M]. 北京：中国林业出版社，2005.

[4] 郑进. 园林植物病虫害防治 [M]. 北京：中国科学技术出版社，2003.

[5] 蔡绍平. 园林植物栽培与养护 [M]. 武汉：华中科技大学出版社，2011.

[6] 张随榜. 园林植物保护 [M]. 北京：中国农业出版社，2001.

[7] 王秀娟，张兴. 园林植物栽培技术 [M]. 北京：化学工业出版社，2007.08.

[8] 赵和文. 园林树木栽植养护学 [M]. 北京：气象出版社，2004.

[9] 李本鑫，张璐，王志龙. 园林植物病虫害防治 [M]. 武汉：华中科技大学出版社，2013.

[10] 程亚樵，丁世民. 园林植物病虫害防治技术 [M]. 北京：中国农业大学出版社，2007.

[11] 姜红军. 园林植物常见病虫害防治 [M]. 北京：中国社会出版社，2008.05.

[12] 钟少伟. 园林绿化植物高效栽培与应用技术 [M]. 长沙：湖南科学技术出版社，2015.

[13] 王春梅. 花木病虫害防治 [M]. 延吉：延边大学出版社，2002.

[14] 郭爱云. 园林工程施工技术 [M]. 武汉：华中科技大学出版社，2012.

[15] 刘洪景. 园林绿化养护工程施工与管理 [M]. 武汉：华中科技大学出版社，2015